数字化转型理论与实践系列丛书

敏捷企业架构

从战略解码到敏捷落地的闭环实践

张金乙 著

AGILE ENTERPRISE ARCHITECTURE

电子工业出版社

Publishing House of Electronics Industry

北京·**BEIJING**

内 容 简 介

本书面向企业 IT 管理者、架构师及数字化转型决策者，是一部聚焦实战的专著。全书以传统架构升级与敏捷方法论融合为主线，系统梳理 Zachman、TOGAF、DoDAF 等企业架构框架，剖析既有架构的刚性痛点，提出"数字智能化敏捷架构"实施范式。内容涵盖战略层、设计层、工具层和落地层 4 个层次，书中创新性地提出"业务价值分析法""整体价值分析法"等设计工具，并引入 Jira、PingCode 等工具，构建从战略解码到快速迭代的闭环体系。本书既是对 ISO/IEEE 等国际标准的本土化解读，也是企业应对市场变化、实现用户体验驱动的实用手册。

图书在版编目（CIP）数据

敏捷企业架构 ： 从战略解码到敏捷落地的闭环实践 / 张金乙著. -- 北京 ： 电子工业出版社，2025. 10.

（数字化转型理论与实践系列丛书）. -- ISBN 978-7-121-51105-9

Ⅰ. F272.7-39

中国国家版本馆 CIP 数据核字第 20252S4P79 号

责任编辑：钱维扬
印　　刷：三河市鑫金马印装有限公司
装　　订：三河市鑫金马印装有限公司
出版发行：电子工业出版社
　　　　　北京市海淀区万寿路 173 信箱　　邮编：100036
开　　本：720×1 000　1/16　印张：15.75　字数：302.4 千字
版　　次：2025 年 10 月第 1 版
印　　次：2025 年 10 月第 1 次印刷
定　　价：68.00 元

凡所购买电子工业出版社图书有缺损问题，请向购买书店调换。若书店售缺，请与本社发行部联系，联系及邮购电话：（010）88254888，88258888。

质量投诉请发邮件至 zlts@phei.com.cn，盗版侵权举报请发邮件至 dbqq@phei.com.cn。

本书咨询联系方式：qianwy@phei.com.cn，88254459。

不以代码直接实现为目标的企业架构都是徒劳的！

不能通过快速调整实现演化的企业架构都注定将被淘汰！

前　言

第一次接触计算机是在 1999 年上高中的时候，对电脑的简单了解促使我在上大学选专业时没有任何犹豫，果断选择了计算机专业。

2008 年研究生毕业的时候，我已经是写了 5 年代码的"老"程序员了。参加工作以后，虽然每天都在编程，但我对写程序依然如痴如醉。那时我周末除了每天晚上出门一次去吃饭，剩下的时间都在房间里研究代码，饿了就对付一下。疯狂自卷的我甚至使用 JavaScript 写了一个兼容所有主流浏览器的前端展示工具。这段经历促使我思考一个问题：怎么提升自己写代码的能力？

从那时起我开始全面学习系统架构，重新深入研究设计模式，并在 2012 年考取系统架构设计师。有了系统架构的加持，自己写代码的能力又上了一个台阶，但同时发现了一个问题，即再好的系统架构也无法解决需求的问题。于是我开始深入研究需求分析和设计，于 2017 年考取了系统分析师。有了需求能力的加持，自己的系统建设能力也有了较大提升。

移动互联网的兴起让我意识到，需求、架构、代码还远远不够。我忽略了市场和用户，于是开始研究产品。自觉是合格的产品经理以后，发现我又忽略了战略和业务。把这一切都准备齐了，也就全面掌握了企业架构。

在应用企业架构的过程中，我深感当今中国的发展势头迅猛，已有的企业架构模式无法驾驭当前的发展局势，所以从 2011 年开始，我着手研究、设计一种适应中国发展形势和速度的、全新的企业架构——敏捷企业架构。

在准备本书的过程中，我曾经因为各种原因停顿过，但还是坚持完成了。我能坚持完成本书的撰写，衷心感谢我最爱的人——我的儿子张致庸。每当我问他作业写完没有，他都会"鼓励"我："你的书写完了吗？"在相互督促下，我们的父子关系得到了升华。衷心祝福张致庸同学健康茁壮成长，学习不断进步。

张金乙

2025 年 3 月 23 日于北京

目　录

第一部分　企业架构基础内容

01　企业架构介绍 ……………………………………………………… 2

　1.1　企业架构的起源 ………………………………………………… 5

　1.2　架构相关定义 …………………………………………………… 9

　　1.2.1　IEEE 的架构相关定义 …………………………………… 9

　　1.2.2　ISO/IEC/IEEE 的架构相关定义 ……………………… 10

　　1.2.3　TOGAF 的架构相关定义 ………………………………… 11

　1.3　企业架构的定义 ………………………………………………… 12

　1.4　企业架构的必要性 ……………………………………………… 13

　1.5　企业架构的误区 ………………………………………………… 15

02　主流企业架构框架与对比 ……………………………………… 17

　2.1　Zachman 框架 …………………………………………………… 17

　2.2　TOGAF ……………………………………………………………… 19

　　2.2.1　TOGAF 概述 ……………………………………………… 19

2.2.2 架构开发方法 ································· 19

2.2.3 架构内容框架 ································· 21

2.3 FEAF ·· 22

2.3.1 联邦企业架构通用方法 ············· 23

2.3.2 协同规划方法 ····························· 24

2.3.3 综合参考模型 ····························· 26

2.4 DoDAF ·· 28

2.4.1 架构开发过程 ····························· 29

2.4.2 元模型 ······································· 31

2.4.3 视点和模型 ································· 33

2.4.4 架构展示技术 ····························· 34

2.5 主流企业架构框架对比 ··················· 37

第二部分　敏捷企业架构基础

03 敏捷数字智能化企业架构

03 敏捷数字智能化企业架构 ····················· 42

3.1 现有企业架构的不足 ······················ 42

3.2 敏捷数字智能化企业架构的特点 ········ 45

3.3 敏捷数字智能化企业架构的实施路径 ···· 47

04 企业战略

04 企业战略 ··· 49

4.1 战略组织 ······································· 49

4.2 战略规划 ······································· 49

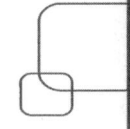

4.2.1　行业分析 ································· 50

4.2.2　市场分析 ································· 54

4.2.3　产品现状分析 ······························ 56

4.2.4　企业战略内容 ······························ 58

4.3　IT 战略 ·· 59

4.3.1　IT 战略目标 ······························ 59

4.3.2　IT 战略实施内容 ························· 61

第三部分　敏捷企业架构建设

05　产品架构 ·································· 64

5.1　产品组织 ····································· 64

5.2　产品策略 ····································· 65

5.2.1　原创式创新 ······························ 65

5.2.2　应用式创新 ······························ 66

5.2.3　总结 ··································· 67

5.3　产品架构原则 ································· 67

5.4　产品架构设计 ································· 70

5.4.1　产品线设计 ······························ 70

5.4.2　产品设计 ································ 71

06　业务架构 ·································· 82

6.1　企业级业务架构 ······························ 83

6.1.1　企业价值链 ······························ 83

6.1.2　企业级业务架构的设计原则和组织结构 ········· 86

6.2　部门级业务架构 ……………………………………………… 91

    6.2.1　部门级价值链 …………………………………………… 91

    6.2.2　部门级业务组件 ………………………………………… 92

    6.2.3　跨部门通用业务组件 …………………………………… 93

    6.2.4　部门级组织架构 ………………………………………… 94

    6.2.5　部门级业务架构图 ……………………………………… 94

6.3　单元级业务架构 ……………………………………………… 95

    6.3.1　单元级业务功能 ………………………………………… 95

    6.3.2　单元级业务功能设计方法 ……………………………… 97

    6.3.3　单元级业务架构图 …………………………………… 100

6.4　企业业务流程 ………………………………………………… 102

    6.4.1　企业业务流程设计 …………………………………… 102

    6.4.2　流程绩效考核 ………………………………………… 103

    6.4.3　企业业务流程优化 …………………………………… 105

07　数据架构 ……………………………………………………… 107

7.1　数据架构总体设计 …………………………………………… 107

    7.1.1　数据架构设计路径 …………………………………… 107

    7.1.2　数据架构设计工具 …………………………………… 108

    7.1.3　数据架构设计软件 …………………………………… 109

7.2　企业业务数据流 ……………………………………………… 109

    7.2.1　数据域划分 …………………………………………… 110

    7.2.2　数据流逐层细化 ……………………………………… 112

    7.2.3　数据字典 ……………………………………………… 112

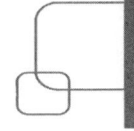

7.3　概念数据模型 ··· 113

　　7.3.1　概念数据模型建模工具 ····················· 113

　　7.3.2　概念数据模型建模方法 ····················· 115

　　7.3.3　概念数据模型集成 ···························· 116

7.4　逻辑数据模型 ··· 120

　　7.4.1　逻辑数据模型生成 ···························· 120

　　7.4.2　逻辑数据模型优化 ···························· 120

7.5　物理数据模型 ··· 122

7.6　主数据 ·· 124

7.7　元数据 ·· 127

08　应用架构 ·· 129

8.1　应用架构设计原则 ·· 130

8.2　应用架构设计模式 ·· 132

　　8.2.1　创建型设计模式 ······························ 132

　　8.2.2　结构型设计模式 ······························ 133

　　8.2.3　行为型设计模式 ······························ 134

8.3　应用架构设计方法 ·· 136

　　8.3.1　价值业务分析法 ······························ 136

　　8.3.2　价值数据分析法 ······························ 137

　　8.3.3　整体价值分析法 ······························ 137

8.4　应用建设 ·· 138

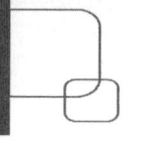

09 安全架构 ·· 142

9.1 基础设施安全 ·· 142

9.1.1 漏洞扫描 ·· 142

9.1.2 渗透测试 ·· 142

9.1.3 入侵检测 ·· 143

9.1.4 主机监控审计 ·· 143

9.2 网络安全 ·· 144

9.2.1 下一代防火墙 ·· 144

9.2.2 网络漏洞扫描 ·· 144

9.2.3 网络入侵检测 ·· 144

9.2.4 网络审计 ·· 144

9.3 数据安全 ·· 145

9.3.1 数据脱敏 ·· 145

9.3.2 数据防泄露 ·· 145

9.4 应用安全 ·· 146

9.4.1 应用漏洞扫描 ·· 146

9.4.2 身份认证 ·· 146

9.4.3 访问控制 ·· 147

9.4.4 应用审计 ·· 147

10 技术架构 ·· 148

10.1 技术架构参考原则 ·· 149

10.2 技术架构指导框架 ·· 152

10.2.1 前端技术域 ··· 153

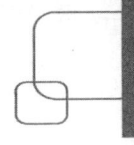

10.2.2 应用技术域 ·· 159

10.2.3 数据技术域 ·· 198

10.2.4 网络与基础设施技术域 ····································· 205

10.2.5 安全技术域 ·· 210

第四部分 敏捷企业架构实施

11 敏捷开发 ·· 222

11.1 敏捷开发介绍 ·· 222

11.2 敏捷开发原则 ·· 223

11.3 敏捷方法框架 ·· 224

11.3.1 Scrum 框架 ··· 224

11.3.2 XP 框架 ·· 226

11.4 敏捷开发工具 ·· 230

11.4.1 Jira ··· 230

11.4.2 PingCode ··· 230

11.4.3 TAPD ··· 231

12 DevOps ·· 233

12.1 DevOps 介绍 ·· 233

12.2 DevOps 内容 ·· 234

12.3 DevOps 与敏捷开发的关系 ··································· 235

12.4 DevOps 实现 ·· 236

参考文献 ·· 237

第一部分　企业架构基础内容

第一部分主要介绍企业架构的起源、相关定义，以及主流企业架构框架与对比。

本部分内容帮助读者了解企业架构的基础内容，为后续的学习做好铺垫。

01
企业架构介绍

习近平总书记多次强调建设"数字中国"的重要性，于 2000 年在福建任职期间就对"数字福建"做出了批示；多次在国内外重要场合指出信息化、智能化未来发展方向；2020 年 11 月 21 日，习近平主席在出席二十国集团领导人第十五次峰会第一阶段会议时强调，要主动应变、化危为机，深化结构性改革，以科技创新和数字化变革催生新的发展动能，要为数字经济营造有利发展环境，加强数据安全合作，加强数字基础设施建设，为各国科技企业创造公平竞争环境。

2023 年 2 月 27 日，中共中央、国务院印发《数字中国建设整体布局规划》[1]（以下简称《规划》）。《规划》指出，建设数字中国是数字时

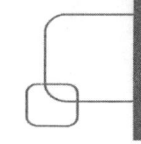

代推进中国式现代化的重要引擎，是构筑国家竞争新优势的有力支撑。加快数字中国建设，对全面建设社会主义现代化国家、全面推进中华民族伟大复兴具有重要意义和深远影响。《规划》还提出，到 2025 年，基本形成横向打通、纵向贯通、协调有力的一体化推进格局，数字中国建设取得重要进展。数字基础设施高效联通，数据资源规模和质量加快提升，数据要素价值有效释放，数字经济发展质量效益大幅增强，政务数字化智能化水平明显提升，数字文化建设跃上新台阶，数字社会精准化普惠化便捷化取得显著成效，数字生态文明建设取得积极进展，数字技术创新实现重大突破，应用创新全球领先，数字安全保障能力全面提升，数字治理体系更加完善，数字领域国际合作打开新局面。到 2035 年，数字化发展水平进入世界前列，数字中国建设取得重大成就。数字中国建设体系化布局更加科学完备，经济、政治、文化、社会、生态文明建设各领域数字化发展更加协调充分，有力支撑全面建设社会主义现代化国家。

中国信息通信研究院发布的《中国数字经济发展研究报告（2024年）》[2]指出，2023 年以来，我国 5G、人工智能等技术创新持续取得突破，数据要素市场加快建设，数字经济产业体系不断完善，数字经济全要素生产率巩固提升，支撑了我国新质生产力的积累壮大。具体来看：

一是扩量方面，数字经济规模扩张稳步推进。2023 年，我国数字经济规模达到 53.9 万亿元，较上年增长 3.7 万亿元，增幅扩张步入相对稳定区间。

二是增效方面，数字经济在国民经济中的地位和作用进一步凸显。2023 年，我国数字经济占 GDP 比重达到 42.8%，较上年提升 1.3 个百分点，数字经济同比名义增长 7.39%，高于同期 GDP 名义增速 2.76 个百分点，数字经济增长对 GDP 增长的贡献率达 66.45%，数字经济有效支撑经

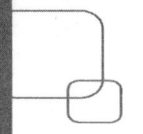
济稳增长。

三是提质方面，数字经济融合化发展趋势进一步巩固。数字产业化与产业数字化的比重由 2012 年的约 3∶7 发展为 2023 年的约 2∶8，2023 年，数字产业化、产业数字化占数字经济的比重分别为 18.7% 和 81.3%，数字经济的赋能作用、融合能力得到进一步发挥。

四是挖潜方面，数字经济和实体经济融合发展持续拓展深化。2023 年，我国一、二、三产业数字经济渗透率分别为 10.78%、25.03% 和 45.63%，分别较上年增长 0.32、1.03 和 0.91 个百分点，第二产业数字经济渗透率增幅首次超过第三产业。

五是区域方面，综合实力较强的地方彰显数字经济发展活力。2023 年以来，经济基础较好、科技创新能力较强的地区，数字经济发展的规模经济、范围经济效应充分释放，地区数字经济实现了更快、更好、更有韧性的发展。

从国家战略层级的重视，到实体经济发展活力的展现，无一不证明了数字化的重要性和巨大潜力，那到底什么是数字化？数字化的定义是什么呢？很遗憾，目前对数字化和数字化转型的概念还没有形成统一、明确的共识。笔者认为，数字化是一个组织按照自身战略设计，将业务流程、数据信息等企业因素按照数字应用技术的场景进行设计、转变、使用、演化的过程。而数字化转型是一个组织实现数字化的战略规划和战术策略的总和。

企业或者组织，甚至社会、国家的数字化转型应当满足自身发展的需要，促进战略目标的实现，降低企业的成本，增加企业的效率，提升企业的创新力，满足用户的需要，并且使这一过程以充满弹性的机制应对外部环境的变化和自身条件的改变，与企业战略协同、持续发展，从

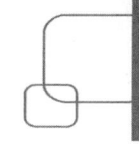

而实现数字化转型。

企业进行数字化转型是大势所趋，但不是所有进行数字化转型的企业都能转型成功，主要原因包括以下三点。

首先，跟风进行数字化转型。大多数企业进行数字化转型是因为羊群效应，当有同类型的企业进行数字化转型后，其他企业唯恐落后导致发展滞后，跟风进行数字化转型。

其次，没有弄清楚数字化转型的目的和意义。数字化转型是一种手段，数字化是一种工具，企业进行数字化转型是为了在新的历史条件和机遇下，采用新的手段和方式完成企业的战略发展，为企业提供新的发展模式、发展路径，从而实现企业的跨越式发展。如果为了数字化而数字化，那么就是典型的舍本逐末、买椟还珠的行为。

最后，寄望于数字化转型解决企业面临的问题。不是所有企业面临的问题只要进行了数字化就能解决，相反，企业要想真正实现数字化转型就先要解决好自身的问题。带着问题进行数字化非但不能解决面临的问题，更不可能成功。

因此，企业需要一套企业架构模式，以指引企业进行数字化、智能化，梳理规划企业战略、IT 战略，规划企业数字化、智能化的架构，制定数字化、智能化的进程和步骤，开发数字化、智能化产品。

1.1 企业架构的起源

1987 年，为了应对信息系统不断增加的规模和复杂性，就职于 IBM 公司的 John Zachman 在《IBM 系统杂志》（*IBM Systems Journal*）的第 26

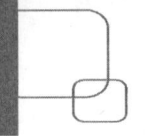
卷第3期发表了题为 *A Framework for Information Systems Architecture*（《信息系统架构框架》）的论文，认为有必要使用某种逻辑结构（或架构）来定义和控制接口及系统所有组件的集成；通过建立一个与信息系统完全独立的学科描述框架来定义信息系统架构，然后通过类比的方法，在中立的、客观的框架基础上指定信息系统架构，并对结果描述的框架含义进行了初步的总结，明确提出了信息系统架构的概念[3]。

该论文从理论和实践经验都很成熟的建筑领域入手，对建筑物的建造过程进行了详细分析，从总体范围（Ballpark）、所有者描述（Owner's representation）、设计者描述（Designer's representation）、建造者描述（Contractor's representation）、其他干系人描述（Out-of-context）、机器语言描述（Machine language representation）、产品（Product）等7个维度对建筑物的建造过程进行了设计，形成详细的架构框架描述，并在此基础上将此方法论和架构框架推演至航空飞机领域以及信息系统建设领域，形成了建筑物、飞机、信息系统架构框架表（见表1-1）[3]。其中，信息系统多角度模型及描述如表1-2所示。

表1-1 建筑物、飞机、信息系统架构框架表

类别	建筑物	飞机	信息系统
总体范围	气泡图	概念方案	范围/目标
所有者描述	建筑师图纸	工作分解结构	业务模型（或业务描述）
设计者描述	建筑师方案	工程设计/材料清单	信息系统模型（或信息系统描述）
建造者描述	承包商方案	制造工程设计/材料清单	技术模型（或技术约束描述）
其他干系人描述	供应商方案	装配图/制造图	详细设计
机器语言描述	不涉及	数字代码/程序	机器语言描述（或目标代码）
产品	建筑物	飞机	信息系统

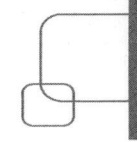

表 1-2　信息系统多角度模型及描述

	描述一（材料）	描述二（功能）	描述三（位置）
信息系统模型	数据模型	处理模型	网络模型
信息系统描述	实体-关系-实体	输入-处理-输出	点-连线-点

John Zachman 的这篇论文虽然没有提出企业架构的概念，但是开创了企业架构框架理论，提出了通用的组织架构模型，将信息系统建设从设计的无序状态带进了有序的企业架构研究领域，John Zachman 因此被誉为企业架构的开创者。

受 Zachman 框架的影响，1994 年，美国联邦政府、国防部提出了一种新的架构框架：信息管理技术架构框架（Technical Architecture Framework for Information Management，TAFIM）。1998 年，TAFIM 正式退役，其相关工作移交给了开放小组（The Open Group），后者将 TAFIM 转变为一个新的框架 The Open Group Architectural Framework（TOGAF）[4]。

受 TAFIM 积极作用的影响，美国国会于 1996 年通过了《克林格-科恩法案》（Clinger-Cohen Act），该法案也称为《信息技术管理改革法案》（Information Technology Management Reform Act），要求所有联邦机构采取措施提高其 IT 投资的有效性，并授权成立了一个由所有主要政府机构的首席信息官组成的首席信息官理事会（CIO 委员会），来负责该法案的具体监督落实工作。1998 年 4 月，CIO 委员会开始了其第一个主要项目——开发联邦企业架构框架（FEAF）的工作，并在 1999 年 9 月发布了 FEAF 的 1.1 版本。随着时间的推移，开发 FEAF 的职责从 CIO 委员会转移到了美国白宫管理和预算办公室（OMB）。2002 年，OMB 研究 FEAF 方法学并将其重新命名为联邦企业架构（FEA）[4]。

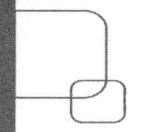

为推进军事指挥的自动化水平，美国国防部自 20 世纪开始着力推进军事信息系统的建设，历经半个多世纪先后推出了 C^2、C^3、C^{3}I、C^{4}I、C^{4}ISR 等系统，其中，C^2 是指挥与控制（Command、Control），C^3 是指挥、控制、通信（Command、Control、Communications），C^{3}I 是指挥、控制、通信、情报（Command、Control、Communications、Intelligence），C^{4}I 是指挥、控制、通信、计算机、情报（Command、Control、Communications、Computers、Intelligence），C^{4}ISR 是指挥、控制、通信、计算机、情报、监视、侦查（Command、Control、Communications、Computers、Intelligence、Surveillance、Reconnaissance）。

在 C^{4}ISR 的基础上，美国国防部于 1996 年 6 月推出 C^{4}ISR AF 1.0，于 1997 年 12 月推出 C^{4}ISR AF 2.0。2003 年 8 月，美国国防部以 C^{4}ISR 为基础发布国防部架构框架（DoDAF）1.0，于 2007 年 4 月发布 DoDAF 1.5，于 2009 年 5 月发布 DoDAF 2.0。

企业架构发展历程如图 1-1 所示。

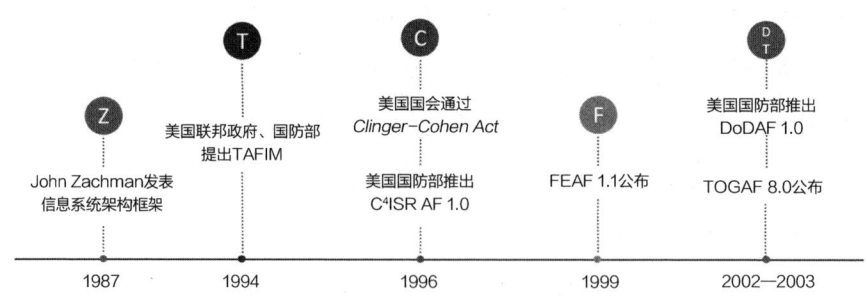

图 1-1　企业架构发展历程

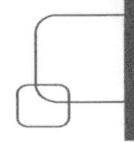

1.2　架构相关定义

什么叫企业架构？回答这个问题之前应先说明什么叫架构以及与架构相关的其他概念。

1.2.1　IEEE 的架构相关定义

按照电气与电子工程师协会（IEEE）发布的标准《IEEE 1471-2000》中的定义[5]，架构是一个系统的基本组织，包括各组成部分、各组成部分之间的关系、各组成部分与具体环境的关系，以及指导其设计和发展的原则。其中，系统是指为完成一个或一组指定功能而组成的组件集合。

其他与架构相关的概念如下。

架构设计是指对架构的定义、文档化、维护、改进以及对实现过程进行正确验证的活动集合。

架构描述是指对架构进行文档描述的成果集合。

架构师是指承担系统架构建设责任的人、团队或组织。

系统干系人是指与系统相关或对系统关注的个人、团队或组织（或类别）。

需求方是指从供应商处采购系统、软件产品或软件服务的组织。需求方可以是买方、客户、所有者、用户或采购方。

视图是指从一系列关注点的角度对整个系统的表述。

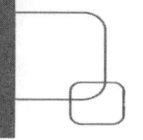

视角是指一种构造和使用视图的约定规范。通过确定某个视图的目的和读者，以及创建和分析该视图的技术，可以从一种模式或模板中形成个人视图。

生命周期模型是指在软件产品的开发、操作和维护过程中有关处理、活动和任务的框架，该框架跨越了一个系统从需求到终止使用的全过程。

1.2.2 ISO/IEC/IEEE 的架构相关定义

在 ISO/IEC/IEEE 发布的标准《ISO/IEC/IEEE 42010:2011(E)- Systems and software engineering Architecture description》中，与架构相关的定义如下。[6]

系统：人为开发的系统。系统包括以下一项或多项：硬件、软件、数据、人员、过程（如向用户提供服务的过程）、程序（如操作说明）、设施、材料和自然发生的实体。

软件密集型系统：软件对整个系统的设计、构建、部署和演化产生重要影响，包括单个应用程序、传统意义上的系统、子系统、系统体系、产品线、产品系列、整个企业和其他相关的集合。

干系人：与系统有关的个人、团队、组织或派别。

关注点：一个或多个系统干系人关注的与系统相关的所有利益方面。对系统整体环境的任何影响都是关注点，包括发展、技术、商业、运营、组织、政治、经济、法律、监管、生态和社会影响。

环境：系统上下文中能够对系统产生影响的所有设置和条件。

架构：系统自身环境中的基本概念或特性，具体体现为组成元素、关系以及设计和演化的原则。

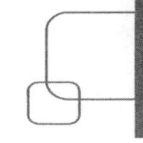

架构设计：在系统的整个生命周期中，通过构思、定义、表达、记录、沟通、验证的方式实现架构的维护和改进的过程。

架构描述：架构工作成果的描述。

架构框架：在特定应用领域以及（或）干系人范围内建立的架构的约定规范、原则和实践。

架构视角：通过确立构造、解释和使用架构视图的约定，从而形成特定系统关注点框架的工作成果。

架构视图：通过系统特定关注点的视角展示系统架构的工作成果。

模型类型：一种模型的约定。模型类型的示例包括数据流图、类图、Petri 网、资产负债表、组织结构图和状态转换模型。

1.2.3 TOGAF 的架构相关定义

TOGAF 9.2 的架构相关定义如下。[7]

架构：①系统自身环境中的基本概念或特性，具体体现为组成元素、关系以及设计和演化的原则（来源：ISO/IEC/IEEE 42010: 2011）；②组件的结构及其内在的联系，以及组件设计和演化的原则和指导方针。

架构设计方法：通过开发和使用企业架构从而形成和治理业务转化和项目应用的多阶段、相互迭代的方法。

架构框架：计划、开发、应用、治理及维护架构的概念结构。

需求：必须以特殊的架构或工作包的形式予以满足的要求。

干系人：对系统感兴趣的个人、团队、组织、派别等。

关注点：一个或多个干系人对系统感兴趣的方面。

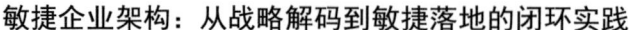

架构视图：从一组相关关注点的角度对系统的表示。

架构视点：一个特定架构视图的描述规范。

架构风格：与架构运转和展示的特定上下文相关的不同特性的组合；也可以说是一组驱动或限制架构运作的原则和特点的集合。

应用架构：对所有具备业务功能和数据资产管理的应用功能结构和交互的描述。

数据架构：对企业的主要数据类型和来源、逻辑数据资产、物理数据资产以及数据管理资源结构和交互的描述。

技术架构：对技术服务、技术组件的结构和交互的描述。

1.3 企业架构的定义

在对架构相关概念从多个角度进行广泛的分析和讨论之后，还需要明确一个概念：什么是企业？

在经济全球化的今天，企业的发展随着全球化浪潮迅速推进，企业的概念也在不断发生变化。但万变不离其宗，企业一直是以营利为目的的生产、经营活动，是向社会提供商品或服务的经济组织。

从全球化、信息化、数字化、智能化角度看，企业不仅包括狭义上的范畴，还应该包括事业单位、非营利组织、政府机构，甚至军事组织。因此，企业架构的范畴应该包括一切需要企业架构的组织和机构。

TOGAF 9.2 的企业架构相关定义如下。[7]

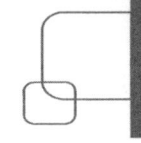

企业：对一个组织的最高层次（通常）的描述，通常包括所有的任务和职能。

企业架构：一个组织、机构运用各种思想、方法、技术等措施通过对自身业务流程和功能、组织结构和职责的设计、实现、迭代、更新、治理，从而实现企业蓝图、规划的整体战略。

企业架构包括业务架构和IT架构。业务架构以企业发展蓝图为目标，以企业的战略规划、战术策略为实施路径，包含企业组织结构、企业业务流程、职责矩阵等内容。IT架构包括应用架构、数据架构和技术架构。

1.4　企业架构的必要性

随着信息化、智能化的深入推广和发展，信息技术对社会发展、经济运行、企业发展以及人们的工作生活都产生了巨大影响。信息化水平也成为企业发展的衡量指标，甚至直接决定着企业的成败。

随着信息化的推进，企业信息化建设的弊端也逐渐显现，主要包括以下问题。

（1）信息孤岛。各信息化系统的数据独立存放，数据之间没有联通，数据项之间重复、交叉、不一致等问题突出。

（2）数据规范不统一。数据字典、元数据缺乏规划，数据标准缺失，数据项不完整。

（3）系统功能分离。各系统之间功能有交叉但不完整，各自独立完成一个业务功能的一部分。

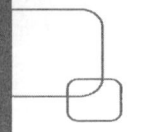

（4）企业流程纵横交错。企业整体流程无法贯通，现有流程无法覆盖全部流程，各分支流程相互交叉，流程之间相互调用，关系错综复杂。

（5）企业业务缺少规划。企业业务功能野蛮生长，各系统所承载的业务功能交叉重叠，层峦叠嶂。

（6）信息化人才缺失，流失一个技术人才往往导致多个系统受影响，新接手人员无法快速上手；业务人才培养困难、缺失严重，导致需求人员与技术人员之间缺乏专业有效的沟通与确认。

（7）信息安全升级滞后。网络安全、系统安全、数据安全问题频发，安全升级困难。

（8）系统可扩展性、可维护性低。随着数据、功能、流程、业务的不断发展、各系统架构设计的缺失或落后，系统的可扩展性、可维护性逐年迅速下降，导致企业往往宁愿重新开发一个新系统，也不愿意升级改造旧系统。

（9）信息化效率低。系统响应速度随着数据种类和数据量的增加而逐年延迟，系统流程越来越复杂，各系统的响应速度逐步降低，往往一个报表涉及的数据需要多个部门使用多个系统才能完成。

（10）信息化升级改造无从下手。信息化升级改造没有头绪或很难找到突破口，修改一处功能往往需要相应的调整更多其他的功能，牵一发而动全身。

这些常见问题的产生既有企业自身管理的因素，也有社会进步、技术进步、企业发展的因素，但根本原因还是企业的战略规划没有细致到位、缺乏企业架构。

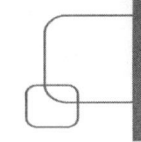

1.5　企业架构的误区

我们必须清楚地认识到，企业在数字化转型过程中有以下 4 个问题需要特别注意。

第一，数字化及数字化转型并非一蹴而就。随着社会的发展和技术的进步，企业面对的环境也在不断变得复杂，数字化及数字化转型需要不断演化和进步。因此，数字化没有终点，更没有最好，只有更好。

第二，数字化并非万能良药。不是所有企业面对的问题只要进行了数字化就能解决。数字化转型不是跟风，不能高呼着"不进行数字化就是'等死'"的口号为了数字化而数字化，否则最终结局就真的成了"进行数字化就是'找死'"的魔怔了。

第三，不是所有企业都适合数字化转型。日本天妇罗大师早乙女哲哉为了做好天妇罗，数十年来每天亲力亲为，从选食材到刀工、火候等无一不精心准备，才成就了其天妇罗之神的美誉。类似的情况还包括寿司之神小野二郎等一大批具有工匠精神的大师，他们店内的顾客之所以络绎不绝，甚至需要提前几个月预订座位，是因为顾客想要品尝的是他们的作品而不是简单的食物，如果他们将制作过程全部数字化，那么恐怕就没有大批顾客再光顾了。

第四，数字化应当避免过犹不及。企业进行数字化转型应该以满足企业实际发展为需要，与企业战略协同、持续发展，而不是 100%地将业务和数据进行数字化，否则在浪费成本、消耗人力的同时，还有可能给企业造成更大的损失。可口可乐公司通过数字化预测用户的口味和习惯，推出不同特点的产品属于正常数字化的范畴，但是如果可口可乐公司据此调整制作可乐的秘方，那么大概率可口可乐公司的股价还会像上次修改

秘方一样崩盘，再给巴菲特老爷子抄底大赚一笔的机会。

数字化转型不是一件容易的事，不可能一蹴而就。对领导层而言，需要企业领导层的重视和毅力，持之以恒不断地推进，保障权利、资金、技术、人力的持续投入；对企业所有员工而言，需要培养数字化思维和习惯，形成数字化企业文化；对客户而言，需要数字化营销和维护；对产品而言，需要数字化设计、生产制造和反馈；其他的还应包括数字化仓储、物流、质量管理、安全生产，甚至数字化风控等。这不光需要企业整体的智慧和耐心，还需要企业实时把握社会、经济、技术等外部因素的变化和进步方向，这一切都不是容易实现的，需要不忘初心、砥砺前行，但这一切都是值得的，因为所有在时间和精力方面的投入近期都会实现降本、增效、创新、增长的目标，远期则会推进企业的持续前进和发展。

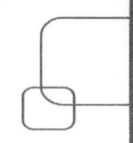

02
主流企业架构框架与对比

2.1　Zachman 框架

Zachman 框架[8]从两方面对企业架构进行了分析和阐述，一方面是沟通交流的提问方式，包括 What、How、Where、Who、When、Why；另一方面是抽象概念的实例化过程，包括标识、定义、表示、规范、配置和实例化。将两方面交叉，以实例化过程为行、以沟通交流方式为列，形成一个有界的 6×6 矩阵，从而构成一套完整的描述性表示法。

在 Zachman 框架 V3.0 中，横向坐标共有 6 行。

第一行是企业高管层视角，属于业务上下文制订计划人员的工作范畴，这一层最终形成范围定义列表的集合——范围上下文。

第二行是企业主管层视角，属于业务概念管理人员的工作范畴，这一层最终形成业务定义模型的集合——业务概念。

第三行是企业架构师视角，属于业务逻辑设计人员的工作范畴，这一层最终形成系统展示模型的集合——系统逻辑。

第四行是企业工程师视角，属于业务物理构建人员的工作范畴，这一层最终形成技术规范模型的集合——技术物化。

第五行是企业技术人员视角，属于业务组件实施人员的工作范畴，这一层最终形成工具配置模型的集合——工具组件。

第六行是企业业务视角，属于用户的使用范畴，这一层最终形成实例的集合——操作实例。

在 Zachman 框架 V3.0 中，纵向坐标共有 6 列。

第一列是 What（数据），从 6 个视角分别描述了数据目录，在企业架构中体现为包含数据操作实体、数据操作关系的数据目录实例。

第二列是 How（功能），从 6 个视角分别描述了过程改造，在企业架构中体现为包含操作改造、操作输入/输出的过程改造实例。

第三列是 Where（网络），从 6 个视角分别描述了分布式网络，在企业架构中体现为包含操作地点、操作连接的分布式网络实例。

第四列是 Who（人），从 6 个视角分别描述了责任分配，在企业架构中体现为包含操作角色、操作结果的责任分配实例。

第五列是 When（时间），从 6 个视角分别描述了时间周期，在企业架构中体现为包含操作周期、操作时间的时间周期实例。

第六列是 Why（动机），从 6 个视角分别描述了驱动意向，在企业架构中体现为包含操作终止、操作意义的驱动意向实例。

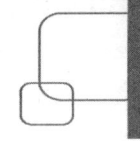

2.2　TOGAF

2.2.1　TOGAF 概述

TOGAF[7]是一个企业架构框架，任何希望在其内部开发企业架构的组织都可以免费使用。TOGAF 由 The Open Group 的成员负责开发和维护。1995 年，TOGAF 的第一个版本基于美国国防部开发的信息管理技术架构框架（TAFIM）开发。TAFIM 是美国政府花费数百万美元、历经多年开发的成果，美国国防部明确允许并鼓励 The Open Group 在 TAFIM 的基础上创建 TOGAF。至今，The Open Group 的成员持续开发了 TOGAF 的多个版本，并在其官方网站逐一发布。

以 TOGAF 9.2（2018 年发布）为例，其在 TOGAF 已有标准基础上，更新了架构从业人员可用的材料，以帮助构建一个可持续的企业架构；增加了 TOGAF 与其他框架和架构样式的集成应用内容，以凸显 TOGAF 的通用性；还增加了行业、架构样式和特定用途的工具、技术和指南。

TOGAF 的结构如图 2-1 所示。

2.2.2　架构开发方法

TOGAF 的架构开发方法（Architecture Development Method，ADM）是 TOGAF 的核心，是一种企业架构的全生命周期开发和管理方法。它集成了 TOGAF 的元素以及其他可用的架构内容，以满足企业的业务需求和 IT 需求。

图 2-1　TOGAF 的结构

架构开发周期如图 2-2 所示。

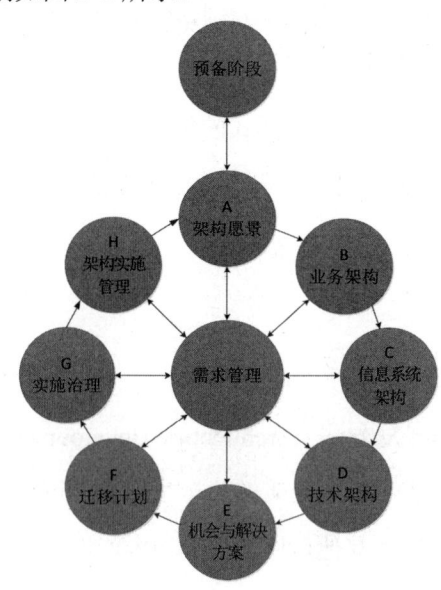

图 2-2　架构开发周期

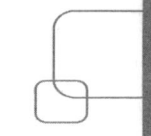

TOGAF ADM 定义了开发架构的各阶段和步骤，整个过程随着范围和成果的深度和广度不断迭代，迭代的成果存储到企业架构的存储库中。ADM 的迭代分为以下三个层级。

（1）整体迭代。ADM 整体过程不断迭代。

（2）部分迭代。ADM 部分过程不断迭代。

（3）某一阶段的迭代。ADM 某一阶段不断迭代。

2.2.3 架构内容框架

TOGAF 内容框架如图 2-3 所示。

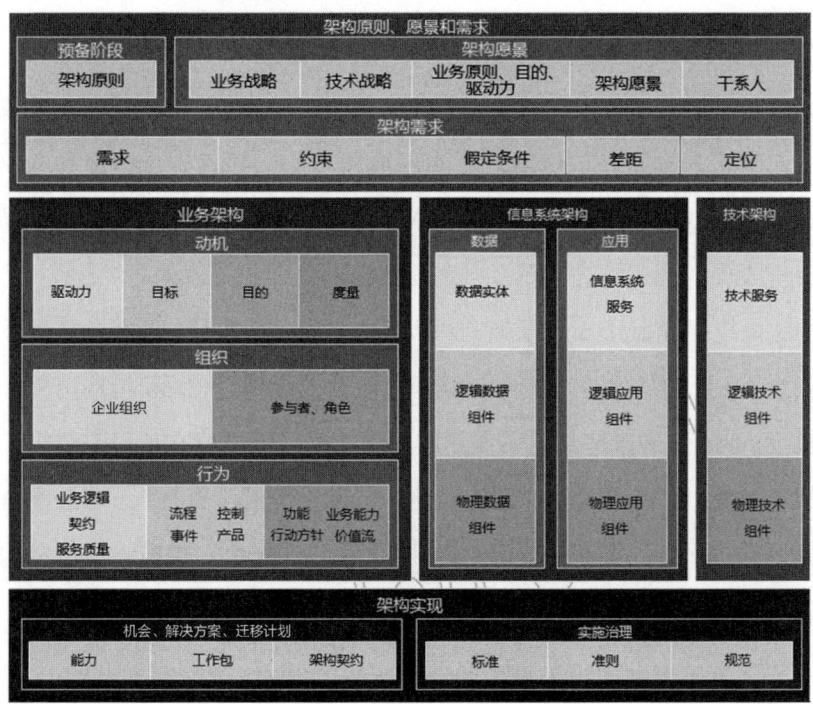

图 2-3　TOGAF 内容框架

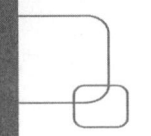

2.3　FEAF

美国白宫管理和预算办公室（OMB）于 2012 年 5 月发布了《联邦企业架构通用方法》（Common Approach to Federal Enterprise Architecture），旨在促进 IT 服务的共享，为联邦政府开发和使用企业架构提供了一种总体方法。该方法通过标准化联邦机构间架构的开发和使用流程，促进了任务效率的提高。例如，使用企业架构帮助机构消除浪费和重复、增加共享服务、缩小绩效差距以及促进政府、行业和民众参与。

OMB 于 2013 年 1 月 29 日发布了联邦企业架构框架（Federal Enterprise Architecture Framework，FEAF）的第二个版本（Version 2）[9]。该框架描述了一套工具来帮助政府规划者实现通用方法。其核心是综合参考模型（Consolidated Reference Model，CRM），为 OMB 和联邦机构提供了描述和分析投资的通用语言和框架。该框架由一组相互关联的"参考模型"组成，这些模型涵盖了 6 个子架构域：战略、业务、数据、应用、基础设施和安全。其目的是促进跨机构分析和查明重复投资、差距和机构内外合作的机会。此外，通过应用这些参考模型，各机构可以建立从最高组织级别的战略目标，到实现这些目标的软硬件基础设施的完整视线。这些参考模型共同构成了一个框架，用于以一种通用且一致的方式描述联邦机构运作的关键要素。

为了将该框架应用于机构的特定环境，机构应该开发一组"核心"构件，以在 CRM 提供的框架内记录其环境。每个子架构域表示该框架下的特定区域，以及基于企业架构最佳实践的特定构件。框架和构件文档会对

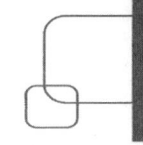

各子架构域的构件进行描述和推荐。机构实际使用的框架和构件文档，其类型和深度应根据对细节的需求和对有关要求、适用标准、时间框架和可用资源等问题的回答来选择。

开发企业架构对机构的真正价值在于，以一种既能推动政府变革又能提高行政效率的方式促进未来规划。机构可以使用企业架构过程来描述企业的现状，并确定企业在未来应该是什么样子，以便制订从当前状态过渡到未来状态的计划。协同规划方法（Collaborative Planning Methodology，CPM）为规划者提供了在整个规划过程中使用的步骤，以充实过渡策略，使未来状态成为现实。这是一个简单的、可重复的过程，包括综合性多学科分析，整个过程涉及发起人、利益相关者、规划者和实施者。

机构将创建企业路线图，以在较高的层次上记录当前和未来的架构状态，并为其如何以高效、有效的方式从现在走向未来提出过渡计划。该企业路线图能将企业架构开发的工件（当前和未来状态版本）与通过协同规划方法开发的计划结合。这使机构内的目标更清晰、进程具有可见性、权责更透明，以促进跨机构的规划和协作。它将战略映射到项目和预算中，并帮助确定投资和执行之间的差距，以及项目之间的依赖关系和风险。

总而言之，FEAF V2 通过提供标准化、分析和报告工具、企业路线图，以及一种可重复的架构方法（该方法更灵活、更有用），为机构内和机构间的规划、决策和管理提供更权威的信息。

2.3.1　联邦企业架构通用方法

联邦企业架构通用方法如图 2-4 所示。

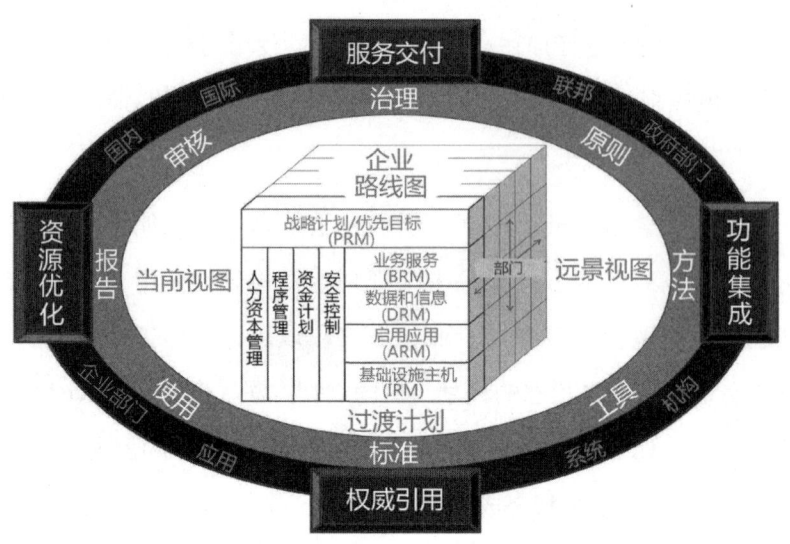

图 2-4　联邦企业架构通用方法

服务交付、功能集成、资源优化、权威引用为 4 个首要交付物。

国际、国内、联邦、政府部门、机构、企业部门、系统和应用为 8 个范围级别。

治理、原则、方法、工具、标准、使用、报告、审核为 8 个程序元素。

图 2-4 中的立方体为联邦企业架构框架。

2.3.2　协同规划方法

协同规划方法旨在作为一个完整的规划和实施生命周期，用于联邦企业架构通用方法中定义的所有范围级别。协同规划方法包括两个阶段：（1）组织和计划；（2）应用和评估。协同规划方法如图 2-5 所示。

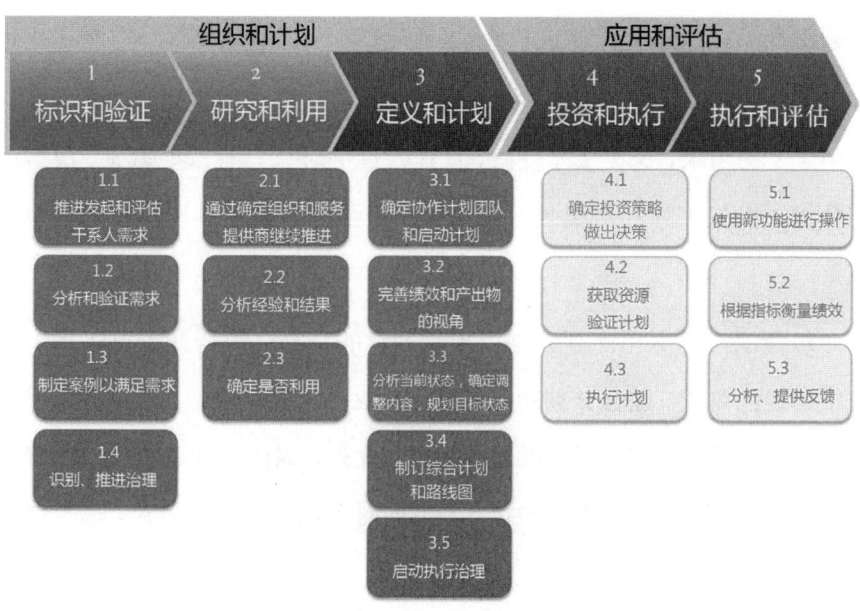

图 2-5　协同规划方法

步骤一：标识和验证。这一步骤的目的是确定和评估需要实现的目标，了解变革的主要驱动因素，并与干系人和操作人员一起定义、验证和确定任务和目标的优先级。在这一步中，干系人和操作人员的需求得到验证，以便所有干系人小组都朝着相同的、被充分理解的、经验证的结果努力。通过初步建立绩效指标，确立成功的衡量标准，以便利益相关者能够达成共识。在此步骤中需要确定计划工作的发起人，发起人涵盖从执行领导到职能领导的范围，甚至可以是应用程序所有者。

步骤二：研究和利用。这一步骤的目的是确定已经满足或正面临着与第一步中已确定的类似需求的组织和服务提供商，通过分析他们的经验和结果，以确定是否可以应用和利用这些经验和结果，或者是否可以通过建立伙伴关系来共同满足这些需求。本着"共享优先"的原则，规划者

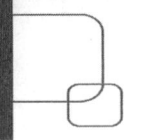
查阅内部和外部服务目录，以了解与当前需求相关的现有服务。在某些情况下，整个业务模型、策略、技术解决方案或服务可以重用，以满足步骤一中定义的需求，这在成本受限、快速发展的时代具有重要意义。根据这一分析，发起人和利益相关者决定他们是否能够利用其他组织的经验和成果。

步骤三：定义和计划。这一步骤的目的是制订综合计划以满足步骤一中确定的需求。综合计划确定了要做什么、什么时候做、要花多少钱、如何衡量成功，以及要考虑的重大风险。此外，综合计划还包括一个时间表，以重点说明将实现哪些效益，预期何时可以完成这些效益，以及如何衡量这些效益。

步骤四：投资和执行。这一步骤的目的是做出投资决策。如果投资未获批准，那么规划者、发起人和利益相关者将返回到以前的步骤，修改建议和计划，以供将来考虑。

步骤五：执行和评估。在这一步骤中使用第三步中的计划以及第四步中的执行能力对任务进行评估，同时根据确定的指标考核绩效结果。

2.3.3 综合参考模型

FEAF 的综合参考模型（CRM）为美国联邦机构和 OMB 提供了描述和分析投资的通用语言和框架。联邦政府根据综合参考模型可以更好地管理和利用 IT 投资组合、加强协作。

综合参考模型如图 2-6 所示。

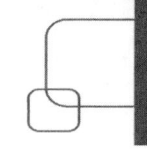

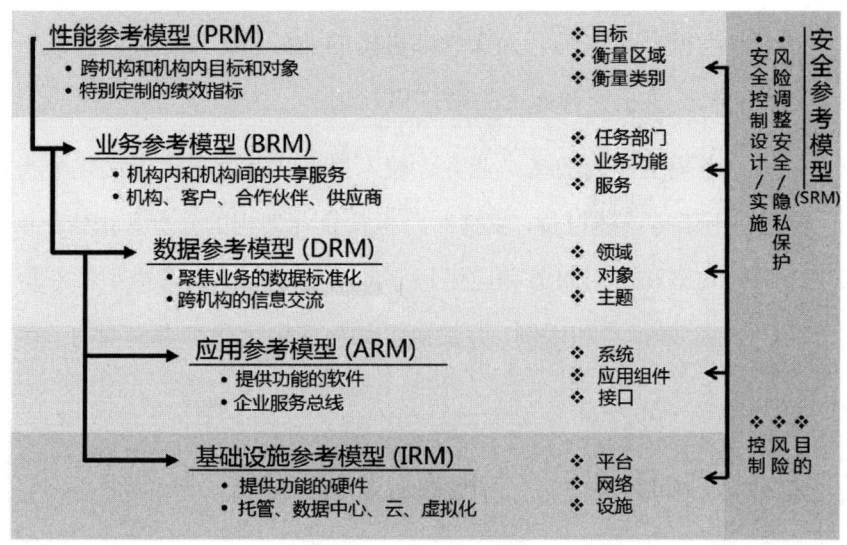

图 2-6　综合参考模型

性能参考模型（PRM）将机构战略、内部业务组成部分和投资联系起来，为衡量投资对战略成果的影响提供了手段。

业务参考模型（BRM）不通过烟囱式的组织视图，而是通过共同任务和支持服务领域的分类法来描述组织，从而促进机构内和机构间的协作。

数据参考模型（DRM）有助于发现现有数据，并能够帮助理解数据的含义、如何访问数据以及如何利用数据来支持性能结果。

应用参考模型（ARM）对支持服务能力的系统及应用程序相关标准和技术进行分类，允许机构共享和重用通用解决方案，并使机构从规模经济中获益。

基础设施参考模型（IRM）对网络/云相关标准和技术进行分类，以支持语音、数据、视频和移动服务组件和功能的交付。

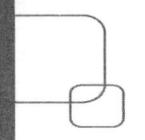

安全参考模型（SRM）为在联邦机构的业务和绩效目标的背景下讨论安全和隐私提供了一种通用的语言和方法。

这些参考模型能为战略、业务、技术模型和信息提供标准化分类机制。使用通用语言描述投资，支持对跨机构企业架构的分析和报告，并能提供跨机构共享和重用服务和应用程序的机会。每个参考模型都有自己的分类、方法、触摸点和用例，并提供了如何应用这些参考模型的示例。

2.4　DoDAF

DoDAF 的全称是美国国防部企业架构框架（Department of Defense Architecture Framework，DoDAF），目前的官方版本是 2010 年 8 月批准的 DoDAF V2.02 版本[10]。

美国国防部要求在内部的架构开发中，各部门应尽最大可能符合国防部标准。这种标准的一致性确保信息、架构组件、模型和视点可以重用且理解相同。DoDAF 的一致性基于以下两点。

（1）根据 DoDAF 元模型（DoDAF Meta Model，DM2）的概念、关联和属性定义架构数据。

（2）架构数据能够根据打包的基本码流（Packetized Elementary Stream，PES）进行传输。

DoDAF 是领域全覆盖、综合的框架和概念数据模型，架构的开发能够提升美国国防部各级管理人员的能力，以便通过跨部门、联合能力领域、任务、组件和项目边界等内容的信息共享，更有效地做出关键的决策。DoDAF 是为国防部内部使用和开发架构制定的，为开发架构提供广泛的指导，以支持国防部内部采用和执行以网络为中心的服务。

2.4.1　架构开发过程

架构开发过程强调指导原则，为架构师和架构开发团队提供指导。该过程以数据为中心，而不以产品为中心，关注数据及数据之间的关系。这种以数据为中心的方法确保了架构描述中视图之间的一致性，并得出所有的基本数据关系以支持多种分析任务。架构开发过程最终形成的结果提供了底层架构数据的可视化视图，并在特定用户群体或决策者所需的架构描述中展现有价值的信息。

DoDAF V2.02 版本开发过程分为 6 个步骤，如图 2-7 所示。

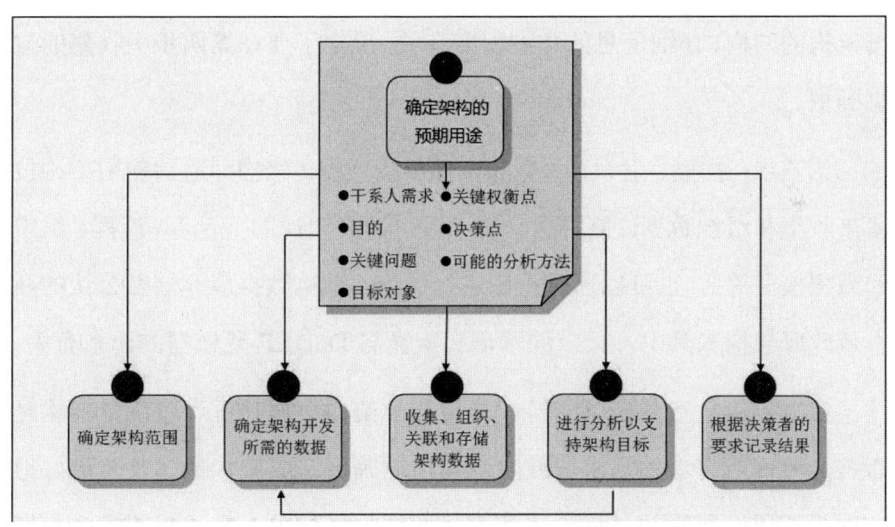

图 2-7　DoDAF V2.02 版本开发过程

第一步：确定架构的预期用途。此步骤实现内容包括定义架构的目的和预期用途（符合预期目的）、进行架构描述工作的方式、开发架构使用的方法、所需的数据类别、对他人的潜在影响，以及通过绩效和客户满

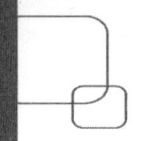

意度来衡量工作的成功与否。这些信息通常由流程所有者提供，以支持描述其职责范围（流程、活动等）内相关方面架构的开发。

第二步：确定架构范围。范围定义了架构描述的深度和广度、建立架构的问题集、上下文和架构内容的详细程度。这一步主要是明确项目定义的工作范围，以实现预期结果。范围过广或问题定义不清可能会延迟甚至阻碍成功。流程所有者的主要责任是确保范围界定正确，并且项目能够成功完成。

第三步：确定架构开发所需的数据。通过分析第二步范围界定期间的审查过程，确定每个数据实体和属性所需的详细信息。这包括执行过程所需的数据，以及在当前过程中实现需求变更所需的其他数据。这些数据与架构的结构、详细信息的详细程度有关，确定了要在第四步中收集的数据类型。

第四步：收集、组织、关联和存储架构数据。架构师通常使用架构技术来收集和组织数据，使用这些技术既可以展示视图（活动、流程、组织和数据模型等），也可以通过视图进行决策。架构数据应存储在公认的商业或政府架构工具中，记录的术语和定义与 DoDAF 元模型的元素有关。

第五步：进行分析以支持架构目标。架构数据分析可以确定架构是否符合流程所有者的需求。此步骤还可以确保完成架构描述甚至更好地实现预期用途所需的过程步骤和满足数据收集要求。在过程需求中贯彻指导原则和目标，可以确定架构描述工作的成功程度。

第六步：根据决策者的要求记录结果。架构开发过程的最后一步是通过查询底层数据来创建架构视图。将架构数据以决策者认为有意义的方式进行展示可以使受众更容易接受。通过第三步中确定的数据需求以

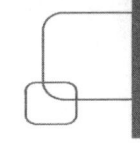

及第四步中使用的数据收集方法可以促进以上过程的实现。

2.4.2 元模型

DoDAF 的目的是定义美国国防部 6 个核心过程中的概念和模型，6 个核心过程包括：联合能力集成与开发系统（Joint Capabilities Integration and Development System，JCIDS），计划、编码、预算和执行（Planning、Programming、Budgeting and Execution，PPBE），数据采集系统（Data Acquisition System，DAS），系统工程（Systems Engineering，SE），作战规划（Operations Planning），能力组合管理（Capabilities Portfolio Management，CPM）。

DoDAF 2.0 的具体目标是：

（1）建立架构内容指南，使其成为最终目标的一部分。

（2）通过严格的 DoDAF 元模型（DM2）提高架构的实用性和有效性，以便对架构进行集成、分析及具备数学精度的评估。

DM2 的目的是：

（1）建立并定义用于描述和讨论 DoDAF 模型的限定词汇体系，明确这些词汇在 6 个核心过程中的使用规则。

（2）指定架构开发和分析工具与国防部企业架构利益共同体架构数据库之间的语义和格式，以及与其他权威数据源之间的联邦企业架构进行数据交换的语义和格式。

（3）帮助企业架构数据更容易被发现和理解。使用 DM2 信息分类使企业架构数据更易被定位和发现；通过语言可追溯性可增强 DM2 的语义精确性，从而使企业架构数据的语义更清晰，更容易被理解。

（4）为架构描述的语义精确性提供基础，支持异构架构描述的集成和分析，支持核心流程决策。

DM2 的三层模型如图 2-8 所示。

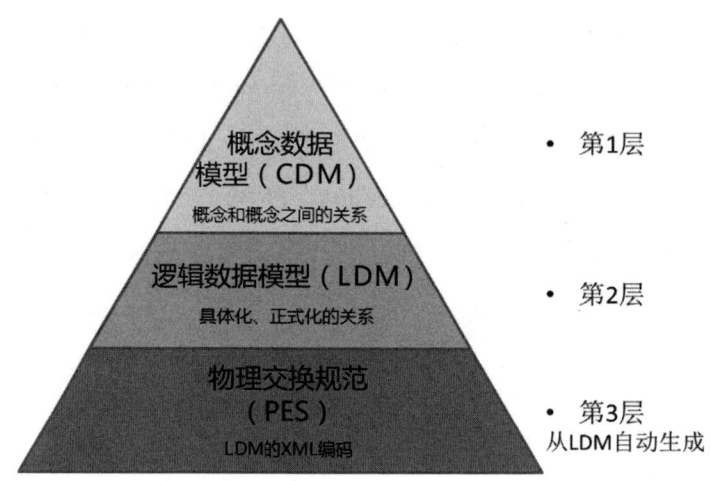

图 2-8　DM2 的三层模型

概念数据模型（Conceptual Data Model，CDM）以非技术语言的形式定义了架构描述的高层数据结构，以便各级主管和管理人员能够理解架构描述的数据基础。

逻辑数据模型（Logical Data Model，LDM）增加了技术信息，如在 CDM 的基础上增加了数据属性，在必要时定义数据之间的清晰引用关系。

物理交换规范（Physical Exchange Specification，PES）由 LDM 自动生成，LDM 常见的数据类型在添加了实施的属性（如来源、日期等）后以 XML 模式描述生成 PES。

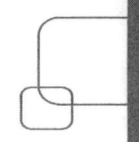

2.4.3　视点和模型

DoDAF 的设计是为了满足美国国防部的特定业务和运作需求。它定义了企业架构的一种表示方法，使干系人在专注企业感兴趣的领域的同时能够洞察全局。DoDAF 可以帮助决策者从潜在的复杂环境中提取基本信息，保证信息展示的一致性和连贯性。DoDAF 的主要目标之一是以干系人能理解的方式呈现这些信息，这些干系人具备开发、提供和维持架构的相关能力以支持其使命的规划与执行。该目标可以将问题域划分为可管理的若干部分来实现，根据干系人的视点，DoDAF 可定义其描述的模型。

每个视点都有特定的目的，通常呈现为以下一种或多种组合：（1）企业的全面概括信息；（2）一个特定目标的狭义重点信息；（3）企业各方面如何相互配合的信息。

DoDAF 将模型总结为以下的视点。

（1）全局视点，描述了与其相关的所有架构上下文信息。

（2）能力视点，阐述了需求能力、交付时间和部署能力。

（3）数据和信息视点，阐明了包括能力和作战需求、系统工程过程、系统、服务在内的架构内容的数据关系和对应结构。

（4）作战视点，包括作战方案、活动和需求的支持能力。

（5）项目视点，描述了能力和作战需求与正在实施的各项目之间的关系；详细说明了能力和作战需求、系统工程过程、系统设计以及国防采办系统中服务设计过程之间的依赖关系。

（6）服务视点，为阐明执行者、活动、服务及交换的解决方案而设计，将作战需求和能力建设转化为可操作的功能模块。

（7）标准视点，阐明了适用于能力和作战需求、系统工程过程以及系统和服务的内容，相关内容包括适用作战、业务和技术的行业政策、标准、指导、约束和预测。

（8）系统视点，为解决方案而设计，阐明了系统及其组成、互连、提供或支持作战功能和能力目标落地的上下文。

DoDAF 视点架构图如图 2-9 所示。

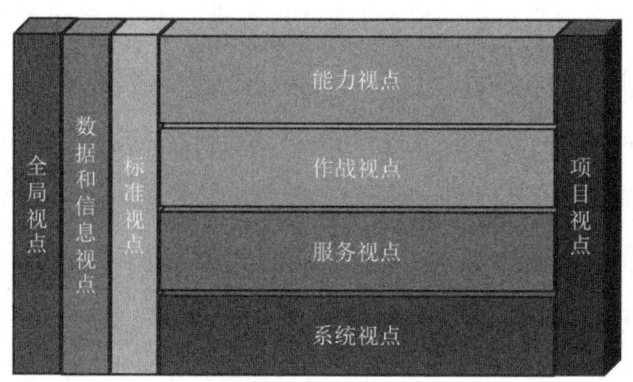

图 2-9　DoDAF 视点架构图

2.4.4　架构展示技术

DoDAF 认为，虽然信息是企业架构的命脉，但如果信息未经加工，直接以原始形式示人，那么可能会让决策者茫然失措。使用结构化方法对企业架构信息进行建模对于企业架构的描述非常必要，也便于其在组织中共享。然而，许多传统架构产品的展示格式显得有些笨重，导致这些架构产品仅适用于训练有素的架构师。一个好的、有用的架构，应该可以用来向需要它的干系人传达重要、准确的信息。架构师必须能够以有意义的

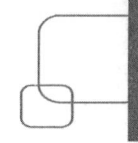

方式将架构信息传达给流程负责人和其他干系人，否则企业架构的原则将很快消失殆尽。

架构相关数据需要提交给所有级别的非技术性管理人员查看。许多管理人员虽然是管理技术娴熟的决策者，但没有受过架构描述开发方面的技术培训。由于架构描述的开发工作旨在为决策过程提供输入，因此所需数据的表示是整个开发过程的逻辑扩展。业务信息的有效表示对架构师来说是必要的，以便向干系人展示架构数据。由于架构原则是收集和存储企业或企业某个特定部分的所有相关信息，因此可以合理地假设组织决策者所需的大部分信息都包含在架构数据中。许多现有架构方法对组织架构信息很有用，但是将架构信息呈现给干系人的作用不太明显。展示视图的效果取决于收集到的架构信息质量。展示技术将架构信息中的数据以各种有意义的方式展示给干系人。

展示技术架构图如图 2-10 所示。

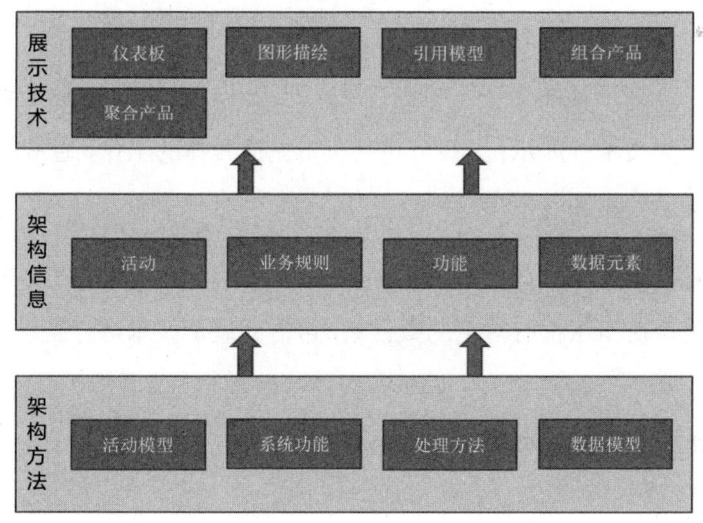

图 2-10　展示技术架构图

DoDAF 认为，所有业务流程涉及的组织层级都需要进行决策。无论是高级管理人员、流程所有者还是系统开发人员，都需要根据可用的数据做出判断。每一级的决策都有其目的和对架构描述的理解，因此对数据进行裁剪使其发挥最大的效用非常重要。展示方需在有经验的架构师的帮助下，在选择要使用的展示技术类型之前确定演示的干系人。

DoDAF 总结的决策者级别如图 2-11 所示。

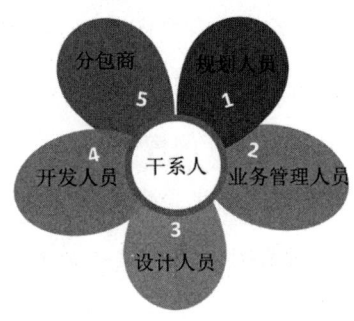

图 2-11　决策者级别

图中每一级决策者对数据的表示都有不同的要求。例如，一级规划人员会认为图形挂图在决策中更有用；四级开发人员则需要与架构描述直接相关的技术性展示；五级分包商负责完成具体的工作，通常需要不同级别的技术数据和其他信息来完成其任务。

可以通过以下问题缩小演示类型范围：决策者需要哪些数据来支持决策？每个决策层都有对应的数据集，可借助展示技术进行呈现。在分析信息类型和受众特点之后，展示方应该考虑本节讨论的各种类型的展示技术。展示开发过程如图 2-12 所示。

图 2-12　展示开发过程

在选择如何表示数据集时，使用什么视图是没有限制的。向决策者展示信息的方法有很多，但实现任务的最有效方法则取决于展示开发人员。

2.5　主流企业架构框架对比

本节介绍的主流企业架构框架侧重点不同，使用的场景也不尽相同。

1. Zachman 框架

Zachman 是一种以视角为中心的企业架构框架，把企业各主要层级、主要参与者作为企业经营、架构设计和管理干系人，并从干系人的角度阐述了不同视角下企业架构的侧重点等内容，使干系人的架构意愿得到充分的展示和表达，便于通过实现各主要干系人的主张以实现企业架构内容。

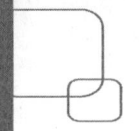

但是 Zachman 框架并没有阐述具体的架构实现方法和实现途径，可以说其作为一种架构框架并没有完整的架构描述框架及架构实现方法。它适合业务成熟企业的架构设计实现，但不便于业务成熟度不足或者对于企业架构应用缺乏经验的企业直接使用。

2. TOGAF

TOGAF 具有通用的特点，可以满足不同行业、不同业务的需求。TOGAF 的核心部分是架构开发方法（ADM）。TOGAF ADM 是一种瀑布式、厚重式的开发方法，类似体量大的鲸鱼或者重型的战斗机，适合业务流程较为成熟、业务变化周期较大或者变化频率小的企业。

TOGAF 缺乏弹性来应付频繁变化或幅度较大的变化。采用 TOGAF 的企业，一旦业务有调整，架构随之调整的时间周期较长，无法及时、快速响应变化；或者虽然企业业务变化较小，但业务变化相对较为频繁，当前一次业务变化发生后，企业架构还没有调整到位，而新的业务变化又产生了，使得企业架构无法适应业务变化的频率。

3. FEAF

FEAF 将协同规划方法作为架构的标准实施方法，同时采用综合参考模型作为实施过程中的参考模型。

但是 FEAF 的协同规划方法类似于软件工程的实施策略，如瀑布式的实施方案，缺乏实际的架构内容；综合参考模型只是从架构应有的 6 个维度如性能、业务、数据、应用、基础设施、安全等描述了实施过程中的参考依据。

综合来说，FEAF 不能算是严格意义上的架构模型。准确地说，FEAF 是一种架构实施策略、步骤，不具备完整的架构实施内容和方法。而且

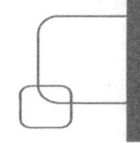

FEAF 偏向于联邦政府、组织，对于企业的架构设计的适用性相对偏低。

4. DoDAF

DoDAF 对企业的架构设计涉及较少。DoDAF 是美国国防部专门为国防业务、战争支撑场景设计的一种企业架构的表示方法。DoDAF 定义了架构开发的方法，同时展现不同干系人的视角，并以干系人都能理解的方式呈现这些信息。

DoDAF 难以适配企业的架构设计需求。DoDAF 涉及的干系人比较明确，与企业面对的千差万别的消费者不同，甚至差别很大，架构实施的效果也大打折扣。

企业架构框架远不止以上 4 种，本书所介绍的这些仅仅是主流部分，但是它们都从不同的角度对企业架构进行了近乎完美的阐述，是企业架构领域的重要组成部分，对企业架构的发展产生了积极、深远的影响，对一代又一代的架构工作者起到了指引的作用。

在世界发展日新月异的今天，信息化、数字化、智能化深度融合，新的细分领域，甚至新的行业不断涌现，导致企业的业务内容和业务形式不断推陈出新，企业发展模式更新迭代加速，支撑企业发展的技术和方法论也随之不断进步，如何正视变化、接受变化、积极拥抱变化成为考验企业发展能力的一项极为重要的指标。

原有的主流企业架构框架很多时候已经无法适应这种以用户为中心、注重快速、化学反应式变化的现状，甚至无法给出积极、快速的应对策略。企业的发展需要积极拥抱数字化、智能化的变局，因此需要一种新的企业架构模式为企业提供新的支撑。

这种新的企业架构模式应具备以下特点：①以用户为中心，满足用

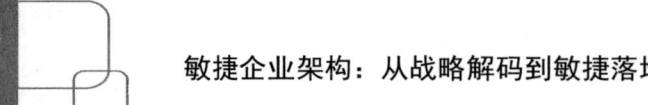

户的合法、合规需求，是企业科研、生产、经营的核心出发点；②以市场为导向，尊重市场、敬畏市场，把市场当作检验企业经营活动是否成功的核心标准；③以业务敏捷性支撑市场的变化，应用弹性和扩展性强，能支撑、拓展业务的调整；④可操作性强，即便是业务成熟度不足的企业也可以使用这种架构框架，结合自身实际设计适配业务发展的架构路径；⑤易用性强，即便企业架构经验不足，甚至没有任何架构经验，也可以方便快捷地设计出适合自身业务发展的架构路径。

这种具备"接受变化、积极拥抱变化"的企业架构框架，笔者将之命名为敏捷架构。

第二部分　敏捷企业架构基础

第二部分通过对比主流企业架构框架及其优缺点，阐述了敏捷企业架构产生的必要性和应用价值，介绍了敏捷企业架构实施的前期工作——企业战略。

本部分内容旨在帮助读者了解敏捷企业架构的特点、实施路径及前期工作，为后续对敏捷企业架构的详细学习做好准备。

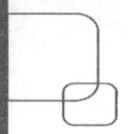
03

敏捷数字智能化企业架构

3.1 现有企业架构的不足

在信息化时代，企业的信息化主要靠流程驱动，业务流程化、流程信息化是其鲜明的特征。流程驱动的基本思想是企业制定自身的管理制度、管理流程、标准操作流程（Standard Operating Procedure，SOP）等，在此基础上设计、优化、沉淀企业业务流程，并形成企业的流程资产，再将流程加以数据辅助，形成各种"流程+表单"的信息化功能，各种相关、类似的信息化功能共同组成一个应用系统，众多的应用系统共同支撑起企业的信息化。越是成功的企业，管理流程越精细、专业，企业的信息化流程、系统也越多。典型的流程信息化包括办公自动化（Office Automation，OA）、企业门户、采购系统、企业资源规划（Enterprise Resource Planning，ERP）、产品数据管理（Product Data Management，PDM）、制造执行系统

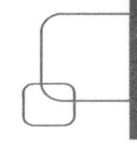

（Manufacturing Execution System，MES）等。

在此种状态下，企业形成了流程驱动的发展模式，通过流程驱动业务发展，业务发展推动产品的开发，从而促进企业的发展。信息化可以总结为以流程为驱动、以产品为中心。但信息化建设的成果大多是互相割裂的系统，系统之间的业务不通、数据未能集成，未能形成合力，尚不能形成整体的数字化平台。

在数字化、智能化时代，想要使用数字化、智能化的模式和工具，首先要解决的是数据，后续的一切也都围绕数据展开，可以说数据是数字化、智能化的驱动。同时，通过数据，企业可以直接触达用户，获取用户具体、完整的需求，并围绕用户展开市场活动。因此，数字化、智能化可以说是以数据为驱动、以用户为中心的。

常用的架构模型如 TOGAF、Zachman、FEAF、DoDAF 等具有不同的特点，也自成体系，对大型企业的架构开发有特别重要的指导意义。在信息化时代，常用的架构模型无疑很好地支撑了企业的信息化。

在数字化、智能化全面发展的今天，以流程为驱动的传统制造业受互联网模式的冲击导致传统产销模式无法适应外部变化、无法满足企业发展的需要。而当前主流的企业架构模型虽然对现代企业经营活动有重要的指导意义，但是也存在一些弊端，主要包括以下问题。

（1）没有（或没有强调）以企业发展为中心，只强调企业愿景、目标、战略，不能灵活应对用户、市场的变化。

本书不局限于某一行业，隔行如隔山，各行各业都有自身的独特性，所需要的企业架构都必须具备足够的适应性。然而，现代企业管理制度已经普及，各行各业的制度、流程、部门、职责、权限都有通用性，而且数字化、智能化的应用技术、社会背景、经济背景甚至政治背景互相影响，彼此是一个整体，共同推进了国际社会的全球化浪潮。在可预见的将来，这种趋势只能加强，在促进社会分工与行业更细化和精进的同时，各行业之间的通用部分只会更加趋同。

（2）没有强调以数据为驱动，对数字化、智能化的支撑作用不明显。

企业要以产品和服务打动消费者，引导客户成为用户。产品和服务要靠企业的能力，能力靠业务和数据支撑，而技术则变成实现能力的一种工具。

企业应该随市场的变化而变化，随时响应消费者（用户）的需求、竞争者的变化和潜入者的动向。企业不仅要变化，还要变化得快。这些都需要企业提升对数据获取与使用的重视程度，以实现企业数据驱动模式的转变。

（3）没有强调对企业平台化、国际化发展的支撑。

在当今经济变幻莫测，以及数字经济快速发展的双重背景下，经济的发展和演变已如脱缰的野马，企业稍有不慎就可能陷入困境，即便是行业霸主也随时可能被请下神坛。因此，企业的注意力如果还主要集中在内部，不考虑兼容下游企业、拓展国际化空间，那么企业将犹如蒙眼骑马一般随时折戟沉沙。

（4）缺乏应对 VUCA 的机制。

在国际化持续推进的今天，市场环境的 VUCA（Volatility 易变性、Uncertainty 不确定性、Complexity 复杂性、Ambiguity 模糊性）特点越来越明显，企业需要面对更加变幻莫测和充满不确定性的市场、竞争环境，应对越来越复杂、模糊的现实情况。因此，企业需要一种能够适应内外环境变化，且灵活、易变、能快速调整的企业架构。

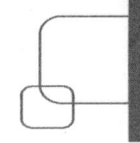

3.2　敏捷数字智能化企业架构的特点

为了解决企业在数字化、智能化转型中遇到的问题，指导企业方便快捷地完成数字化转型，本书试图从促进企业数字化、智能化转型的角度，介绍一种新的架构模式。这种新的架构模式以用户为导向，以产品为依托，以信息化、数字化、智能化应用技术为工具，以降本、增效、创新、增长为驱动力，以项目管理为操作方式，具体有以下特点。

（1）市场（用户）。在以往的经济发展过程中，触客阶段企业对市场（用户）需求的了解多通过市场调研、用户调研、行业数据获取；获客阶段企业对市场（用户）需求的支持主要通过产品（服务）支持，而触客阶段数据完整性不够、精细化不深导致企业的产品（服务）无法满足市场（用户）的全部需求，仅能通过通用性产品（服务）满足大多数市场（用户）的需求。同样地，用户的留存与流失企业也无法进行精细化分析和管理。通过多途径、多来源的数据获取、分析、计算，以市场（用户）为中心的商业模式成为可能，甚至将重构整体经济模式。触客阶段调研、获取、收集用户的使用数据；获客阶段通过数据计算、分析，在用户画像的基础上进行用户聚类分析，实现用户需求的精准定位；用户的留存阶段通过跟踪用户需求、实时更新用户画像类型，实现用户的留存，避免或减少用户的流失。

（2）战略（IT战略）。企业根据自身问题、竞争对手、潜在对手、战略发展目标导出企业的架构要求。企业的战略是企业发展的蓝图，是对企业发展目标和愿景的整体性、系统性表述。企业架构的制定必须从企业战

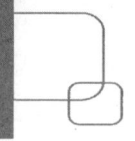

略出发，以实现企业战略为最终目标。

（3）产品架构。企业的产品或企业提供的服务是企业的根基，企业的盈利、发展都依托产品或服务来承载、实现。在市场化、国际化竞争愈发激烈的当下，产品或服务对企业战略的支撑和实现起到至关重要的作用。

（4）业务架构。企业的业务架构包括企业的组织架构、价值线、产品线、业务流程、控制流程、生产流程等，与企业产品的生产或服务的提供息息相关，决定了企业生产产品或提供服务的能力、效率和质量。

（5）数据架构。企业数字智能化的基础就是整体数字化，只有企业整体数字化才能发挥数字化的优势，为企业带来质的变革。企业的数据架构是实现企业数字化转型的开始和基础，决定了企业数字化转型的成败。

（6）应用架构。任何业务的实现最终都需要以应用的形式予以操作，任何数据的使用也需要以应用的形式予以展示。应用架构是整体企业架构的实现载体，决定了企业架构实现的具体形式。

（7）技术架构。任何架构都要落地才能见成效，数字智能化企业架构更强调数字、智能相关技术的应用及推广，技术架构是企业架构落实的关键一环。

（8）安全架构。随着信息化、数字化、智能化的不断推进，网络安全、数据安全、技术安全、应用安全愈发重要，企业将安全架构放在了更加突出的地位，安全架构攸关企业架构的成败。

敏捷企业架构如图 3-1 所示。

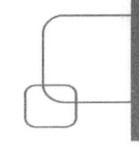

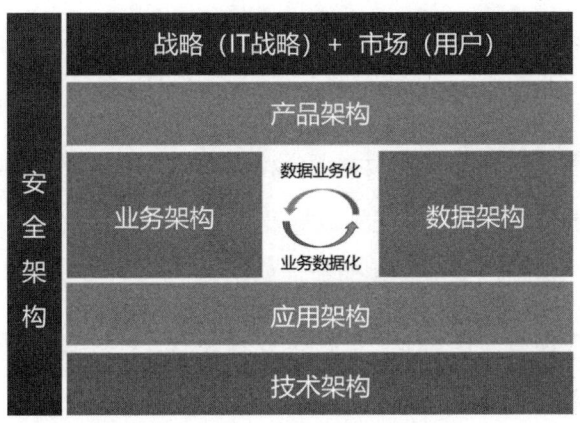

图 3-1　敏捷企业架构

3.3　敏捷数字智能化企业架构的实施路径

敏捷数字智能化企业架构的实施路径包括 2 个步骤，如图 3-2 所示。

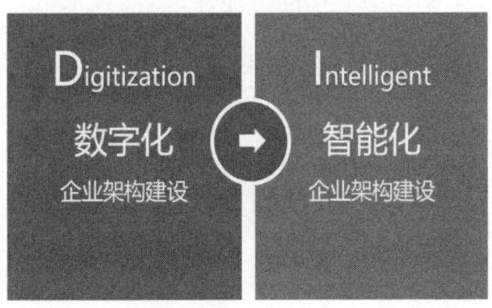

图 3-2　敏捷数字智能化企业架构的实施路径

1. 数字化企业架构建设

按照企业战略、企业 IT 战略的指引，分析确立企业的产品架构，通过产品架构对接市场、用户。

通过梳理企业现有业务、规划业务域、优化升级整体业务形成企业的业务架构。

通过梳理现有数据域及数据逻辑模型（E-R 图）、厘清数据的关系（C-U 矩阵、数据血缘等）、整理主数据及元数据、规划数据的集成、存储、清洗、展示、使用，形成企业的数据架构。

通过梳理现有应用对业务架构的支撑现状、对数据架构的覆盖现状，规划现有应用使用问题、解决方案及后续应用建设方案。

通过企业业务、数据、应用架构的假设需要，规划企业的网络安全、数据安全、应用安全等方案。

2. 智能化企业架构建设

在完成数字化企业架构建设后，开展智能化企业架构的建设。智能化业务开展可以依据智能化应用技术场景，识别其在业务架构、数据架构、应用架构及安全架构中应用的可能性，涵盖技术可行性、经济可行性、安全可行性等。根据梳理结果统一应用智能化场景，打造数字智能化企业架构。

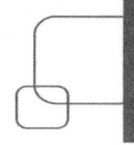

04

企业战略

4.1　战略组织

企业的战略管理应由专门的组织或机构负责，实现企业战略的制定、实施、调整、监督和反馈。

4.2　战略规划

《礼记·中庸》云："凡事预则立，不预则废。"大到国家治理，小到企业发展，都应提前谋划，有准备才能顺利推进，甚至达到事半功倍的效果，否则即便有所成功也是侥幸。企业发展需要进行战略规划，开展数字智能化建设更应该依照企业的战略规划制定 IT 战略，以便指导实际行动，如此才称得上是谋全局者。

4.2.1 行业分析

1. 行业现状分析

马克思主义认为，决定事物发展方向和进程的是主要矛盾。抓住主要矛盾，是分析行业现状最好的办法之一。

行业现状中的主要矛盾是行业中主要参与者之间的矛盾。分析主要参与者之间矛盾的模型是波特五力模型。波特五力模型如图 4-1 所示。

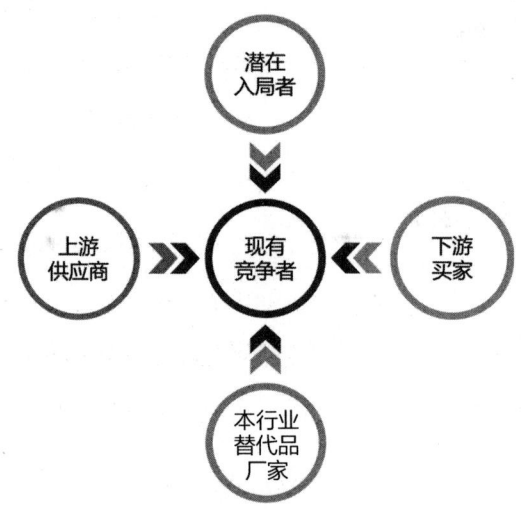

图 4-1　波特五力模型

波特五力模型中涉及的关联方共 5 类，分别是上游供应商、下游买家、潜在入局者、本行业替代品厂家及现有竞争者。这 5 类关联方凭借自身所处地位与具备的能力，影响着整个行业的参与者。

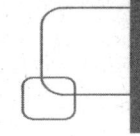

1）上游供应商的议价能力

上游供应商是本行业所有竞争者的上游企业，为所有竞争者提供生产原料和服务。上游供应商通过生产原料和服务的议价能力影响着整个行业的厂商。

当上游供应商数量较少或几家大的供应商对市场的占有率较高时，其议价能力比较强，供应价格不容易被采购者影响；相反，当上游供应商数量较多、较分散时，其议价能力比较弱，供应价格容易被采购者影响。

此外，供应商切换的难易程度也对供应商的议价能力有较大影响。若供应商难以切换，则其议价能力增强；若供应商容易切换，则其议价能力减弱。

2）下游买家的议价能力

下游买家是本行业所有竞争者的下游企业或消费者，是产品或服务的承接方。下游买家购买产品或服务的议价能力影响着整个行业的厂商。

当产品或服务较容易买到，或者较容易切换其他产品时，下游买家的议价能力较高；相反，当产品或服务数量有限、替代产品或服务较少、不容易替换时，下游买家的议价能力较弱。

3）潜在入局者的威胁

任何市场，尤其是盈利的市场，都会吸引潜在的入局者。潜在入局者的加入将为行业提供更多的产品，抢夺现有的产品购买者，加剧行业竞争，从而导致产品原材料的紧张、价格的充分竞争，最终导致行业中所有企业产品价格下跌和整体行业盈利水平降低。

当行业准入门槛较高时，如技术准入难度高、行业壁垒多等，潜在入局者的威胁比较小；相反，当行业准入门槛较低时，潜在入局者的

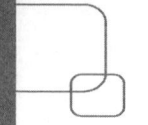

威胁较大。

4）本行业替代品厂家的威胁

所有行业都处在一个整体的市场中，各行业之间无时无刻不在融合、竞争和发展，尤其是相关行业间的产品功能本就有重叠。因此本行业的产品在完成研发、投入市场的过程中，相关产品的替代品也会不断涌现，这将对本行业产品带来冲击，甚至促使行业重新洗牌，重构行业市场和厂家生态。

当厂家提供的产品或服务容易被替代，尤其是替代品价格更低、质量更好时，替代品厂家的威胁就比较大。相反，当厂家提供的产品或服务不容易被替代时，替代品厂家的威胁就比较小。

5）现有竞争者的竞争力

现有竞争者的核心目标是争取最大的竞争优势，从而获取行业的最大利润，因此彼此之间的竞争不可避免。具体的竞争表现在产品功能、质量、价格、服务、售后、营销等方面。

现有竞争者获取最大竞争优势的主要方法是提升自身产品或者服务的竞争力，如技术水平、工艺水准、价格优势、服务水平等。

2. 行业发展趋势分析

分析完行业的现状后，还需进一步分析行业的发展趋势，以便企业在把握自身所处行业发展趋势的基础上，规划企业最有利的发展目标、方向和策略。

分析行业发展趋势最经典的模型是 PEST 模型，其中，P 代表 Political（政治）、E 代表 Economic（经济）、S 代表 Sociality（社会）、T 代表

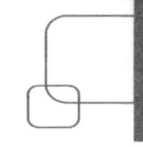

Technological（技术），这 4 个因素是影响人类社会发展的核心因素，也可以用来分析其对行业、企业发展的相关影响。PEST 模型如图 4-2 所示。

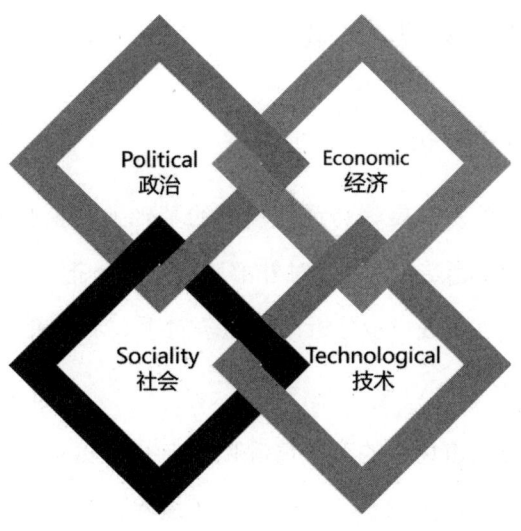

图 4-2　PEST 模型

政治方面，国际、国内、行业现有法律、法规、制度、标准都会对行业的未来发展起到决定性的作用，其影响极为重要。此外，国际、国内、行业的未来规划、政策，如国家的五年计划、行业的未来帮扶政策、环保制度、税收政策等，都对行业的发展产生至关重要的影响。

经济方面，国际主要经济体（美国、中国、欧盟等）或主要贸易对象国家（地区）的经济发展水平、经济周期、货币政策、财政政策、利率水平、主要经济指标（采购经理指数、居民消费价格指数、失业率等）都将对行业的发展产生至关重要的影响。

社会方面，国内或主要贸易对象国家（地区）的文化、社会风俗、生活方式、人口组成、劳动力结构、教育水平、消费层次及习惯等社会经济环境都对行业的发展产生至关重要的影响。

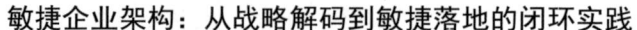

技术方面，国内或主要贸易对象国家（地区）的行业技术水平，新技术的发展方向，技术应用水平、专利及使用现状，互联网发展及普及情况等都将对行业的发展产生至关重要的影响。

4.2.2　市场分析

在对行业现状及发展趋势进行预测的基础上，企业可以掌握行业的整体情况。但这还无法实现企业对外部环境的整体把握，还需对市场进行进一步的分析，包括进一步分析市场竞争对手、消费者（用户），进而掌握市场的详细情况。

企业对自身在市场中的竞争情况以及自身优劣势的分析使用的最经典模型是 SWOT，其中，S 代表 Strengths（强项）、W 代表 Weaknesses（弱项）、O 代表 Opportunities（机会）、T 代表 Threats（威胁）。从这 4 个方面可以分析企业内外部的竞争现状，进而分析后续的竞争策略。SWOT 模型如图 4-3 所示。

进行 SWOT 分析前要调查、分析企业的内外部影响因素。只有在全面了解现状的基础上才可以进行 SWOT 分析，分析的结果才有意义。

SWOT 模型的分析策略分为一维和二维两种方式。

一维分析方式通过机会和威胁分析外部市场现状对企业的积极和消极影响；通过强项和弱项分析外部市场现状对企业内部变数的优势和劣势影响。

图 4-3　SWOT 模型

　　二维分析方式通过内外部影响的综合分析，制定出在不同外部市场环境下企业内部的应变策略。二维分析主要包括 SO、ST、WO、WT 4 种策略。

　　SO 策略是利用企业自身的内部强项，扩大外部市场机会。这是一种积极的扩大策略，通过分析自身的强项，制定相应的策略以保持强项甚至扩大强项，借此寻求企业市场机会的最大化。

　　ST 策略是利用企业自身的内部强项，躲避外部市场威胁。这是一种积极的应对策略，通过分析自身的强项，制定相应的策略以保持强项甚至扩大强项，借此回避、克服自身面对的外部市场威胁。

　　WO 策略是利用市场外部的机会，躲避企业自身的弱势。这是一种积极的应对策略，通过分析外部市场的机会，制定相应的策略以抓住机会，借此回避、克服自身的弱势。

　　WT 策略是发现市场外部的威胁，通过减小、克服企业自身的弱势来躲避市场外部的威胁。这是一种积极的应对策略，通过分析外部市场的威胁，制定相应的策略以减小、克服自身的弱势，借此回避、克服自身面对的外部市场威胁。

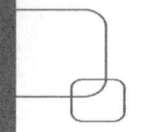

4.2.3　产品现状分析

在对行业、市场进行分析的基础上，企业应当对自身的产品进行整体分析，以便找出自身产品应对行业和市场的整体策略。最经典的产品分析模型为波士顿矩阵。

波士顿矩阵从两个维度对产品进行分析，分别是企业实力和市场引力。企业实力的衡量因素包括资金实力、技术实力、市场占有率等。波士顿矩阵采用市场占有率作为企业实力的分析因素。市场引力的衡量因素包括销售量（额）、销售量（额）增长、利润、利润率等。波士顿矩阵采用销售增长率作为企业产品市场引力的分析因素。

按照市场占有率的情况将产品分为市场占有率高的产品和市场占有率低的产品；按照销售增长率的情况将产品分为销售增长率高的产品和销售增长率低的产品。

根据市场占有率和销售增长率可将企业的产品分为 4 种类型，分别是市场占有率高且销售增长率高的产品、市场占有率高且销售增长率低的产品、市场占有率低且销售增长率高的产品、市场占有率低且销售增长率低的产品。

波士顿矩阵如图 4-4 所示。

市场占有率高且销售增长率高的产品被称为明星产品。明星产品的市场占有率高说明该产品已经获得市场的普遍认可，销售增长率高说明该产品仍有发展的空间。明星产品是企业的未来主打产品，企业应当持续投入资金、人力促使其继续快速发展，提高总市场占有率和销售量（额）。

图 4-4　波士顿矩阵

市场占有率高且销售增长率低的产品被称为金牛产品。金牛产品的市场占有率高说明该产品已经获得市场的普遍认可，销售增长率低说明该产品已经达到了较高的销售量（额）。金牛产品是企业的现有主打产品，是企业重要的现金流。企业不必增加各种资源的投入，只需保持当前的资金、人力投入，维持该产品当前的发展态势即可。

市场占有率低且销售增长率高的产品被称为问题产品。问题产品的市场占有率低说明该产品尚未获得市场的普遍认可，销售增长率高说明该产品已经达到了较高的销售量（额）。问题产品的市场前景宽广，但是营销等问题导致该产品无法占有市场。对于问题产品，企业应在调整策略的同时投入资金、人力，保持产品高销售增长率的同时提高市场占有率。

市场占有率低且销售增长率低的产品被称为瘦狗产品。瘦狗产品的市场占有率低说明该产品尚未获得市场的普遍认可，销售增长率低说明该产品不被用户认可。瘦狗产品一般没有发展的前景，应该予以淘汰。

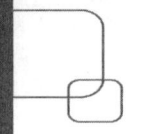

4.2.4　企业战略内容

没有调查就没有发言权。只有在完成对行业、市场等外部环境，以及企业内部产品结构及其市场现状的调查和分析的基础上，企业才具备规划整体战略的条件。企业的整体战略可以分为两个组成部分：企业愿景和发展目标。

企业可以将整体战略规划概括为一句话，这句话描述的是企业的灵魂所在，既是企业整体发展的方向，也是企业发展的总体目标，即企业战略愿景。一旦企业确立了整体战略，此后企业的所有目标、规划、计划、任务都应当以此为出发点，且与之保持一致。

在企业整体战略确立之后，应当在此基础上确立企业的战略发展目标。战略发展目标按照目标的实现周期可以分为长期目标、中期目标、近期目标。长期目标以 5～10 年为周期，中期目标以 5 年左右为周期，近期目标以 1～3 年为周期。战略发展目标按照目标的业务域可以分为人力资源战略发展目标、财务战略发展目标、营销战略发展目标、市场战略发展目标、科技战略发展目标、质量战略发展目标及 IT 战略发展目标等。

企业战略的制定过程：首先由企业管理层（战略管理层）制定企业愿景、长期目标及整体执行计划，然后各部门参与制定长期目标，其中涉及各自业务域的相关内容及执行计划，同时制定各自业务域的中期、近期目标及同期执行计划。

在整体及各业务域的战略目标、执行计划制定完成的基础上，企业还应制定相应的战略配套管理办法、绩效指标、考核制度、奖惩措施等内容，以保证企业战略能够切实贯彻执行下去，达到预期的战略目标。

各企业虽然所在行业有所不同，但具体战略目标应该包括部分相同的目标。本书尝试突破行业差异，从企业共同的业务需求出发，探讨企业

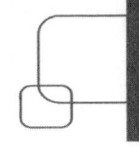

架构的建设和治理。在摒弃行业特异性后，企业架构的建设目标主要集中在以下 4 个方面。

（1）降本。降低企业成本是企业发展的核心目标，降低企业运行过程中的成本是企业架构的主要建设目标之一。

（2）增效。企业的效率是企业发展的关键成功因素，提高企业运行过程中的效率是企业架构的主要建设目标之一。

（3）创新。科学技术是第一生产力，创新已经成为企业最看中的能力之一。而且随着中国综合国力的增强，企业想要走出国门或与已有的行业巨头竞争，提升自身的创新力都是不二之选。

（4）发展。无论企业提升哪种能力，最终还是实现自身的发展。发展的主要指标包括利润、利润率、销售额（量）、市场占有率、销售增长率等。实现企业的发展目标是企业发展的根本目的，而引领行业的发展则是企业发展的终极目标。

4.3　IT 战略

企业 IT 战略是对企业战略的扩展和延续。企业 IT 战略是企业战略在 IT 领域的扩展，是企业战略的 IT 组成部分；同时，企业 IT 战略是企业战略的延续，实现企业战略的细化推进。

4.3.1　IT 战略目标

IT 战略目标应当包括两部分，一部分是企业战略中关于 IT 战略的要

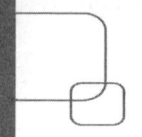

求；另一部分是 IT 领域的战略目标。前者是企业发展需要的 IT 业务域予以支撑的目标；后者是 IT 业务域建设的目标。前者可以说是 IT 战略的蓝图，后者则称得上是 IT 战略蓝图的具体化。

企业战略中关于 IT 战略的要求应当至少包括以下 4 个方面。

（1）降本。采用 IT 技术和手段降低企业成本是 IT 战略的核心目标之一。

（2）增效。采用 IT 技术和手段提升企业的效率是 IT 战略的核心目标之一。

（3）创新。采用 IT 技术和手段提升企业的创新力和创新的效率、促进企业创新策略的实施、增强企业创新的动力，是 IT 战略的核心目标之一。

（4）发展。采用 IT 技术和手段提升企业的业务能力、促进企业业务的快速开展、开拓新的业务内容和形式，是 IT 战略的核心目标之一。

IT 领域的战略目标应当至少包括以下 7 个方面。

（1）通过分析企业成本和支出项，调查分析企业成本较高、支出较大的费用，采用技术手段降低成本、减少企业支出，或者采用新的成本较低、支出较少的技术手段替代原有的生产和管理方式。

（2）通过分析企业业务流程，调查企业执行效率较低的流程；通过分析企业业务流程，调查可以用技术手段替代以减少业务流程环节的流程；统一采用技术手段加快业务流程的周转速度，提升企业的整体运转效率。

（3）采用新技术创建新的业务场景，提升协同创新方式和效率；采用新技术开创新的业务方向，打造新的创新模式。

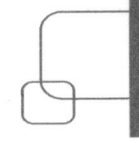

（4）提升企业的整体数字化能力，逐步形成并完善行业内的业务平台，以提供整体的平台式服务，在实现业务数字化的基础上实现数字化业务。

（5）在形成整体数字化能力的基础上，衍生、发展企业的智能化能力，创建行业数字智能化平台。

（6）将行业平台拓展至行业上下游，形成上下游一体的数字智能化生态，引领国内行业发展的潮流。

（7）将上下游一体的数字智能化生态拓展至国外，创建行业数字智能化的国际平台，成为行业的国际标准参与者、制定者，引领行业的前进方向和步伐。

4.3.2　IT战略实施内容

（1）业务数据化，即将业务和数据在线融合为一体，汇聚在数据中台之上。

（2）数据资产化，即在数据中台建设过程中，通过数据治理使数据可用、可视。

（3）资产服务化，通过发掘应用场景，提供内部运营的数据资产服务，降本增效、发现新问题、辅助数智化决策等；同时便于将上下游企业集成至自己的平台，也便于将现有业务拓展至国际平台。

（4）服务业务化，通过外部场景或者创新边缘业务、新业务，数据赋能原有业务或者新业务，产生"真金白银"。

第三部分　敏捷企业架构建设

第三部分是本书的核心篇章，详细介绍了敏捷企业架构的 6 个核心组成部分：产品架构、业务架构、数据架构、应用架构、安全架构、技术架构。

本部分内容帮助读者详细了解敏捷企业架构的各组成部分和建设过程，使读者对敏捷企业架构有全面、深入的学习和掌握。

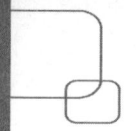

05
产品架构

企业战略能否成功取决于战略的实施策略和计划。其中，实施策略是战略的实施方法，而实施策略的执行有赖于强有力的计划，二者缺一不可。本章以产品架构为目标，详细介绍企业战略的实施策略和计划。

5.1　产品组织

企业的产品架构需要专门的组织或者机构负责，以实现产品架构的策略制定、设计和调整。

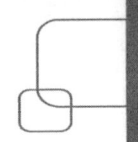

5.2 产品策略

现代社会的高新技术层出不穷，新技术的应用发展突飞猛进，用户体验感逐步提升，企业面对的市场环境可谓瞬息万变、市场竞争逐步加剧，加之国际经济局势云谲波诡，贸易壁垒层出不穷，这些因素给企业的发展增加了诸多挑战。

但同时，企业面对的机遇也更多，新技术开辟了新的市场，提供了新的生产资料和生产条件，为用户提供了更多、更新的体验环境，世界作为一个统一大市场的作用逐步明显。企业在挑战与机遇并存的当下，如何在获悉市场动向、把握用户消费趋势的同时，及时、有效地把握机遇、赢得挑战，成为企业发展的重要考验。

站在产品的角度看待企业如何赢得市场和用户，共有两种策略：原创式创新和应用式创新。

5.2.1 原创式创新

原创式创新策略是指开创全新的市场，培养新的用户群体。原创式创新有两种形式，分别是替代式创新和升级式创新。

替代式创新是指用全新的产品替代原有产品的大部分功能，以及市场和用户。替代式创新的典型代表是汽车的发明。在汽车发明之前，最普遍的交通工具是马车，汽车发明后，可以说完全取代了马车，开创了新的市场和用户。

升级式创新是指在原有产品的基础上进行功能升级，用全新的功能或外观吸引用户，开创新的市场。升级式创新的典型代表是触屏手机的发明，在触屏手机发明之前，手机的主流产品都采用按键进行操作，而乔布斯将触屏技术与手机完美结合，升级了手机产品的操作模式，开创了触屏手机的时代。凭借触屏手机产品，乔布斯和他的苹果公司降维式打击了原有的按键式手机厂商，顺利获取了大部分的手机市场和用户，导致原有的手机霸主诺基亚折戟沉沙。

5.2.2　应用式创新

应用式创新是指将市场和用户认可的原创性成果予以应用，推出市场和用户认可的产品以占领市场、发展新的用户。

众所周知，互联网技术发源于美国，二维码技术发源于日本，中国企业通过对互联网技术和二维码技术的组合应用，使中国的互联网经济蓬勃发展，一跃成为应用式创新的典型案例和成功模式。互联网经济也是国人参与最多、最深、也最为熟知的应用式创新领域，缔造了全球互联网经济的神话。

但不是任何应用式创新都能获取市场和用户的认可，把握风口和小步试错是当下中国互联网经济快速发展的法宝。"当风口来临时，猪都飞上了天。"这是对把握风口最传神的描述。但不是所有把握风口的企业都能把自己的产品顺利捧上天，有的企业将全部资源投入风口却大败而归，甚至血本无归。"小步试错，快速迭代"才是把握风口的正确姿势，马化腾把这种策略形象地称为"渐进式创新"。

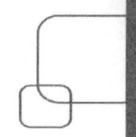

5.2.3　总结

创新是艰难的，但是一旦成功，获益也是巨大的，应用式创新相比原创式创新容易得多，但是成功的概率也要小得多，而且当所有企业蜂拥而上都去把握风口时，真正能成功的概率会更小。如共享单车，当风口来临时众多企业全力冲进风口，各互联网巨头跑步介入，迅速开启"烧钱模式"，一时间大街小巷满是共享单车，但当风口的风慢慢褪去，一众企业纷纷铩羽而归，有的企业甚至因没钱退押金而倒闭。

企业无论采取原创式创新还是应用式创新的策略去占领市场、把握用户，都需要对市场风向足够敏感，对用户足够了解，在此基础上变革企业的产品架构，利用自身业务的灵活性迅速推出自己的产品，才能夺得先机，获取最大利益。

因此，企业规划、设计、实施自身的产品架构是企业整体架构的重要一环。

5.3　产品架构原则

1. 以市场和用户为中心

企业需要从宏观的角度着眼整个市场，分析市场规模、市场结构、市场价值，以及市场的显性需求和隐性需求，形成产品的框架。

企业还需要从微观的角度收集用户的想法、行为，分析用户的爱好、习惯，形成产品的需求。

因此，企业产品架构的出发点应该以市场和用户为中心，一切市场

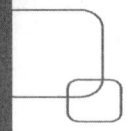
需要的就是企业产品应提供的，一切用户想要的就是企业产品应有的。

2. 把握市场和用户需求

市场和用户的需求是产品的出发点，满足用户的期待是产品的使命。企业的产品线和产品必须紧贴用户需求。

1）用户的显性需求

用户的显性需求较容易应对。发现用户的显性需求，分析用户的使用场景，解决用户的痛点，可以很好应对用户的显性需求。

2）用户的隐性需求

用户的隐性需求较难应对。挖掘、定位用户的隐性需求，突出产品相较于竞品的区别，提升用户对产品的满意度，同时迅速提升用户对企业的好感度和忠诚度。

3）培养用户的需求

绝大多数企业都把主要精力放在了应对用户现有需求（包括显性需求、隐性需求）方面，而真正能为企业创建独树一帜的产品，让企业抛开纷扰、激烈的市场竞争，从而利用独一无二的先发优势赢得充分、高效利润的把握用户需求方式则是培养用户的需求、创造用户的新需求和消费场景。

3. 紧跟市场潮流和用户趋势

铁打的市场、流水的企业。企业的第一目标是和市场共存，如果市场不存在了，那么企业应该转战其他市场或者培育新市场。市场既有理性的一面也有感性的一面，有其主要矛盾也有其主体潮流。对于市场理性的一面，企业需要把握住市场的主要矛盾，即市场主要需求；对于市场感性的

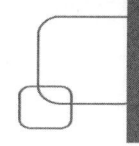

一面，企业需要紧跟市场的潮流。如直播带货，通过网红直播带货的方式，原本滞销的产品顷刻间销售一空，甚至成为网红产品，解除滞销的困境，也为企业、网红带来可观的收入。

企业产品面对的用户群体在随时发生变化，用户的消费趋势受产品价值、使用环境、消费习惯等的影响，只有把握住用户趋势，才能准确确定产品的消费群体、消费方式、消费习惯，企业才能避免与用户脱节，成为边缘存在。

只卖爆款产品是一种很好的紧跟市场潮流和用户趋势的产品策略。优衣库在服装行业处于领先地位，就是依靠只卖爆款的产品策略。优衣库在很多国家都有实体店，根据所有门店的统计数据可以实时掌握某一类服装的销售情况和受欢迎程度，一旦发现有爆款产品则迅速在相关店铺大力推广。优衣库也依靠只卖爆款的产品策略可以与擅长供应链的ZARA一较高下。

4. 市场和用户是检验产品的核心标准

企业从产品立项开始到产品上市、经历市场洗礼的过程中，可能面临多种因素的干扰。其中，影响市场的因素很多，包括政治因素、政策因素、经济因素、科技因素、社会因素等；影响用户的因素也很多，包括用户的年龄、教育水平、职业、习惯、兴趣、家庭环境，以及社会潮流等。

产品上市后，在面对用户的过程中，企业满足市场、用户的程度和范围在不断调整和变化，同时，同类型的竞品也在对用户持续输出产品价值，因此，用户对企业产品的满意度始终处于动态调整的状态。

企业必须时刻保持对市场的敬畏以及对用户的耐心，因为市场和用户是检验产品的核心标准。

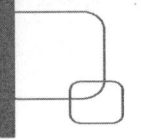

5.4 产品架构设计

产品架构设计的依据应当是企业的整体战略（IT 战略）以及市场（用户）的需求。其中，整体战略（IT 战略）是企业依据自身条件和优势，结合现有行业、市场的特点和现状梳理出的企业发展战略；而市场（用户）的需求是企业发展的主要关注点，毕竟闭门造车是注定要被市场（用户）淘汰的。

5.4.1 产品线设计

企业按照战略规划分析市场的各种需求，根据不同的市场特点区分不同的用户群体，从而根据不同用户群体的需求划分不同的产品线。

当分析到某一用户群体的需求发生变化或者有新的需求出现时，企业可以迅速根据具体情况收集受影响的产品线，从而调整该产品线的产品，以重新迎合该用户群体的需求。

企业产品线应能覆盖企业的战略面，支撑战略架构实现。企业战略的实现依赖不同产品线的产品。各产品线产品应当满足消费者的多样化需求及个性化偏好，从而自成一个体系，同时能协同其他产品线产品的发展。

梳理产品线应包含以下几个步骤。

（1）梳理企业全部产品线。

根据企业战略规划，梳理出企业战略所涉及的所有的产品线。产品线划分的原则不尽相同，主要分为两个维度：产品类型、产品结构。

按照产品类型划分：企业根据产品面对的用户需求来划分不同的产

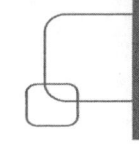

品类型。例如，苹果公司的产品线按照应用场景划分为 iPhone、Mac、iPod、iWatch 等。

按照产品结构划分：企业根据产品的行业特点、面对的具体市场情况等来划分不同的产品结构。例如，食品饮料行业的乳制品公司伊利按照行业特点、用户需求将产品线分为液态奶、奶粉、酸奶、冷饮等。

（2）分析应舍弃和保留的产品线。

使用波特五力模型分析行业现状；使用 PEST 模型分析行业的发展趋势；使用 SWOT 模型分析市场现状。根据分析结果，选择应舍弃和保留的产品线。

（3）统计、梳理企业当前的所有产品线。

统计企业现有的所有产品线，并使用波士顿矩阵梳理所有产品线的现状。识别出产品线中的明星产品线、金牛产品线、瘦狗产品线、问题产品线。

（4）厘清应有的产品线与当前已有的产品线之间的差距。

分析梳理出的应保留的产品线及现有产品线之间的差距和问题所在。制定弥补差距的战略、战术方法和相应的可执行计划，如规划相应的产品线及产品。

5.4.2 产品设计

产品设计是一个复杂的系统工程，不可能一蹴而就，尤其是好的产品，除了前期的投入，后续还需要经历市场的洗礼以及大量用户长时间的打磨。

本节从常规产品的规划、设计、开发、运维等全生命周期阶段分别分

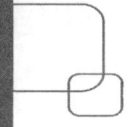 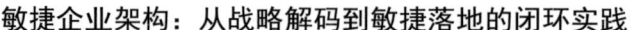

析产品从 0 到 1 的建设过程。

1. 商业需求

一个产品从 0 到 1 的首要步骤是梳理、规划产品的商业需求。产品只有具有商业价值才能具备后续开发和推广的价值。

1）商业背景调研

（1）产品定位。

每个产品都有自身的定位，包括产品的作用、产品的愿景等。产品的定位是产品方向性的选择，更是产品开发的首要选择，直接决定了产品后续的一切行动。

（2）用户调研。

确定了产品定位后，需要分析确认产品的用户群体，以及用户群体的数量、地域、性别、学历等群体性标签内容，以便后续针对用户群体开展更进一步的分析和研究。在此基础上对用户进行细分和商业策略上的区别对待，更精准地实现用户的需求，满足用户的期待，甚至超越用户期待。

（3）市场调研。

产品市场调研的内容包括产品所在行业的市场基本情况、市场特点、市场规模及市场未来的发展趋势。

市场基本情况和市场特点可以通过行业权威途径（行业协会等）发布的资料进行收集和分析。

市场规模可以通过国家统计部门（国家统计局）、行业协会等发布的行业统计数据、权威资料获得，也可以通过相关数据分析、估算得出。

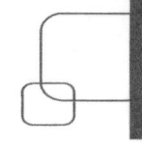

市场未来的发展趋势属于仁者见仁、智者见智的范畴，可以通过 PEST 等分析模型进行分析、总结。

（4）竞争对手调研。

产品所处的行业头部厂商是企业主要的竞争对手，头部厂商的主流产品是竞品分析的重点目标。

通过分析头部厂商及其主流产品，可以得出其市场定位及主要的用户群体。通过差异化分析可以找到产品打入市场的切入口，在此基础上制定相应的产品竞争策略及营销策略，便于产品快速打入市场、抢占市场份额，在行业中尽快占领一席之地，为后续产品的发展壮大打下坚实的基础。

（5）产品目标。

产品目标是产品的核心目的，是开发产品的最终价值体现。

产品的目标有多种，核心目标是为企业带来价值。不同产品的目标价值也不尽相同。常见的产品目标包括盈利、吸引用户、带来流量、抢占市场等。

需要指出的是，企业对产品会设立特殊的目标，如阿里巴巴对高德地图虽然也设立了盈利、占领市场、吸引用户、带来流量等目标，但是当以上目标无法达成时，阿里巴巴还是保留了高德地图，原因就在于阿里巴巴的核心业务如购物、外卖等都需要导航产品的支持。

2）产品功能规划

（1）用户痛点。

产品功能规划的出发点是用户对产品的使用痛点。通过分析用户使

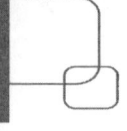

用相关产品的痛点，可以针对性地提出相关解决方案，或者提出产品优化的方向、产品升级的方案，甚至可以像苹果推出 iPhone 一样推出颠覆整个行业的产品。

（2）产品功能。

产品功能是针对用户痛点而规划出的以满足用户需求的具体功能。产品功能包括核心功能、支撑功能、配套功能等。在商业需求层次只需关注核心功能即可。

产品的核心功能包括产品最核心的具体功能点集合，以及每个用户功能点能为用户提供的具体支持和能为用户解决的具体问题等。

（3）产品建设规划。

在规划出产品的核心功能后，企业需要结合产品的行业特征、市场现状和竞品分析应对策略，将产品的功能点进行优先级排序，制订产品建设的进度和计划，从而形成产品建设规划，指导产品的后续建设。

3）商业模式

（1）商业模式设计。

产品的商业模式是指企业通过产品获得商业价值的模式。商业模式也可以说是产品价值变现的方式。

常见的商业模式有运营商业模式、广告商业模式、增值商业模式、会员加盟模式等。一个好的商业模式是产品成功的重要途径，不同的产品面对不同的市场、不同的用户，采用的商业模式也不尽相同。

近年来，很多企业能成功推广自身的产品就是采用了创新的商业模式，如小米的饥饿营销模式等。

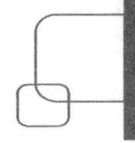

（2）收益。

产品的价值需要通过产品的收益来体现。确定产品的收益，需要先确定产品的成本和定价策略。

产品的成本可以通过产品所有成本项的预估成本及企业运营的平均成本统计所得。

产品的定价策略是产品营销的重要一环。营销策略的好坏关乎产品的推广能否成功。企业将已有产品的定价策略结合竞品的定价策略来确定相关产品的定价策略。

企业也可以不走寻常路，如采用低价快速进入市场的策略，或者根据产品的高端定位以高定价快速吸引用户打开市场。

（3）风险。

在制定产品整体商业需求的过程中，企业需要充分考虑各环节的风险因素、风险来源、风险的影响及风险的应对策略。

风险的识别可以从政治、经济、技术、市场、法律、人文等方面进行梳理。

风险的应对策略包括规避、转移、缓解、减轻等。

2. 市场需求

1）市场分析

（1）市场环境。

市场环境包括市场基本情况、市场特点、市场规模及市场未来的发展趋势。

（2）宏观经济背景。

宏观经济背景包括国内宏观经济背景和国际宏观经济背景，具体包括国内、国际经济周期位置（如衰退、复苏、过热、滞涨等），以及利率水平、汇率水平、采购经理指数（Purchasing Managers' Index，PMI）、居民消费价格指数（Consumer Price Index，CPI）等经济背景。宏观经济背景对于产品的发展大局至关重要。

（3）行业现状。

行业现状包括行业准入（退出）壁垒、行业所处的主体位置、行业格局等。

行业准入（退出）壁垒包括行业准入（退出）政策要求、技术门槛、资金条件、法律条件等。

行业所处的主体位置包括新兴行业、朝阳行业、成熟行业、夕阳行业等。

行业格局包括垄断行业、不完全垄断行业、充分竞争行业、过度竞争行业等。

（4）竞争环境。

竞争格局是指行业中的主体竞争格局，如一家独大、产品集中度高、头部企业占比较高等。

竞争激烈程度是指行业内竞争的充分程度，如充分竞争、较为充分竞争、一般竞争等。

竞品成熟度是指行业头部企业的主体产品成熟度，如完全满足用户需求的成熟、基本满足用户需求的一半成熟、不太满足用户需求的不成熟等。

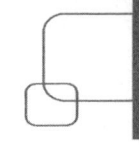

此外，竞争环境还包括竞争企业及产品的规模化程度、自动化程度、数字化程度等。

（5）市场分析工具。

在数字营销如火如荼的当下，原有的获取市场需求的方式已经被时代淘汰，MarTech（Marketing Technology，市场技术）、AdTech（Advertising Technology，广告技术）、SalesTech（Sales Technology，销售技术）大行其道。

2）用户分析

认识、识别用户最快最有效的步骤是找到用户痛点。

（1）用户痛点。

用户痛点是用户在使用产品过程中遇到的问题或在使用产品解决问题时遇到的阻碍，问题（阻碍）越大、越紧迫，用户痛点指数越高。企业解决痛点指数越高的用户痛点，获得的效益越大。

（2）用户场景。

离开用户使用场景谈用户痛点没有任何意义。用户场景是用户使用产品的具体场景描述。用户场景既可以按照时间顺序进行描述，也可以按照产品的功能进行描述，还可以按照产品的使用状态进行描述。

为全面描述用户的使用场景，可以采用多种描述方式相结合的方法。具体而言，可以按照时间顺序描述用户使用场景，绘制顺序图；也可以按照产品的功能描述用户使用场景，绘制行为图；还可以按照产品的使用状态描述用户使用场景，绘制状态图。

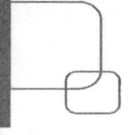 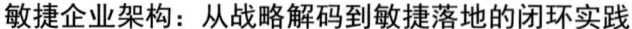
（3）用户特征。

用户特征是根据产品定位分析用户或潜在用户的具体特征标签的集合。用户的特征包括地域、性别、学历、生活习惯、偏好等多个维度。根据用户特征可以更加精准地定位产品功能，从而精准开展营销活动，也可以实现产品的精细化运营管理，甚至可以通过收集各维度的用户特征，对用户或产品特征属性进行分析、统计，进而通过关联、分类等形式的数据挖掘形成产品用户的精准画像。

（4）用户分析工具。

常见的用户分析工具主要是用户画像工具，如百度分析、腾讯分析等工具。企业也可以针对自有的数据进行分析。数据分析工具主要包括 SPSS (Statistical Package for the Social Sciences)、SAS (Statistical Analysis System)、Tableau、Power BI 等。

3）区域分析

（1）区域地理特点。

区域地理特点是指市场的某一地理区域或行政区划内较为特殊的自然或人文特征。比如，南方亚热带区域、热带区域的气温特点；南方近海区域的湿度特点等。

（2）区域用户特点。

区域用户特点是指市场的某一地理区域或行政区划内较为特殊的用户特点。比如，湖南、四川等地用户的饮食特点；云南、贵州等地少数民族用户的民族特点等。

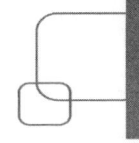

（3）区域分析工具。

区域分析工具详见市场分析与用户分析部分的相关工具介绍，在此不再赘述。

3. 产品需求

"小步试错，快速迭代"是测试企业产品是否满足市场需求和用户要求的正确方式。产品在初上市时的功能应当内聚、收敛，只推出解决用户主要痛点的核心功能；上市后根据市场的反应和用户的反馈快速迭代，逐渐完善产品的核心功能、添加产品的辅助功能，直至形成较为稳定的产品版本；后续可以在稳定版本的基础上推出适应各类细分市场、分散群体的多版本产品，逐步形成企业的产品线。

产品需求用以描述产品的具体功能及功能展示界面。产品的功能包括核心功能、支撑功能、配套功能等。

（1）核心功能。核心功能是产品解决用户核心痛点的具体功能集合。核心功能是产品最主要的功能。

（2）支撑功能。一般情况下，产品除了核心功能还需要有与核心功能配套的支撑功能。核心功能若需要正常运转，离不开支撑功能的协助。如手机的核心功能是信息交互，即通话、信息、网络都是核心功能，这些核心功能都需要屏幕、按键等支撑功能的协助，没有支撑功能，核心功能无法开展正常运转。

（3）配套功能。配套功能是除核心功能、支撑功能之外，产品的另一主要功能，可以使产品功能更加完善，提高用户对产品的满意度。例如，手机除了通话、信息、网络等核心功能，以及屏幕、按键、灯等支撑功能，一般还需增加 Wi-Fi、蓝牙，甚至日历、闹钟等配套功能，才能让手机成

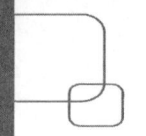

为实际意义上的沟通交流工具。

产品除了功能，用户体验也起到至关重要的作用。用户体验可以增加用户的亲和力，增强用户的体验效果，让用户尽快接受产品，还可以借此形成企业的竞争优势。例如，腾讯公司旗下的产品涉及众多行业，但是所有产品的 UI（User Interface，用户界面）标准、交互风格都基本一致，这一切都因为腾讯有一套自己的用户体验标准。腾讯为此还设置了首席体验官（CXO），并由马化腾本人亲任 CXO，将用户体验提升到了企业战略的高度。

（1）产品外观。

大部分用户对产品外观的理解是一般意义上的外包装。但实际上，产品外观不只起到对产品的包装意义，还对产品的吸引力起着巨大的作用，甚至在企业产品的竞争过程中起到关键的作用。

因此，产品不能只强调完善、易用的功能，有吸引力的产品外观也是不可或缺的。例如，苹果公司开发的 iPhone 手机打破市场上其他手机常用的键盘外观，仅在手机上留有一个圆形的按钮，将所有功能都压缩在一个按钮上，增加屏幕尺寸的同时，给用户一种非常简洁、实用的感觉，按下这个按钮就像按下马桶的冲水按钮一样，一切都变得干干净净。

（2）交互风格。

产品给人的第一印象除了外观，还有一项关键点：产品的交互。产品的交互风格体现了用户和产品的互动能力，良好的交互风格能增强用户对产品的信心和依赖心理，使用户更容易认可、接纳产品，甚至用户的使用习惯、思维方式都会跟着产品的交互风格演变。例如，淘宝、京东等购物网站的页面布局、功能展示结构、信息展示方式、交互方式等都引导了

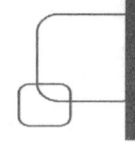

用户的购物习惯和思维方式。甚至主流网站、应用软件上的字体、颜色、控件都有一套属于企业自身的 UI 标准。

（3）产品描述。

无论产品功能多么优越，用户体验多么美好，都需要用户将产品拿到手中才能认识到。而将产品介绍给用户是用户接受产品的第一步。因此，好的产品推荐和描述也是必不可少的一环。好的产品推荐应该可以快速、精准地将产品的核心功能、支撑功能、配套功能全面、准确地介绍给用户。例如，在一款车膜的产品描述中，应该将车膜的隐私保护、视野清晰、隔热防晒、安全防爆、材质环保、适用车型等信息全面、准确地描述清楚。

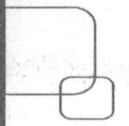

06
业务架构

　　梳理完成的企业产品架构是企业面对市场和用户做出的方向选择，企业需要通过自身的业务来支撑产品架构的实现。企业产品架构随市场变化不断调整，同时，业务架构应能支撑产品架构的变化。

　　基于以上要求，企业的业务架构需要足够健壮以支撑企业业务发展，同时应兼具灵活性以适应产品架构、市场的不断变化和发展。这对企业的业务架构提出了新的挑战。

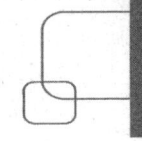

6.1　企业级业务架构

6.1.1　企业价值链

企业价值链[11]是企业整体经营、运营或功能的价值链条，通过对价值链的分析可以清晰体现出企业的价值传导路径，协助企业分析自身的经营或运营状况。

通过对价值链的优化可以提升客户价值的相关环节，优化价值传导路径，提升用户的满意度，增强企业的核心竞争力；同时可以缩减、裁撤无法提升客户价值的环节，消除企业价值传导路径的干扰因素，降低企业的成本。完成对企业价值链的优化后，最终只保留企业存在和发展所必需的业务环节，抛弃低效、无效的环节，实现对企业业务的精兵简政。

企业价值链的概念最早由美国哈佛商学院的著名战略学家迈克尔·波特提出。其在 1985 年所著的《竞争优势》一书中首次提出了价值链：Value Chain。迈克尔·波特认为，企业价值链是企业为了提升向市场、用户提供产品或服务的能力所开展的一系列有价值的活动或作业。企业价值链由两部分活动组成：一部分为基本活动；另一部分为辅助活动。基本活动是指为企业直接创造价值的活动；辅助活动是支持、保证基本活动运行的活动，是基本活动运行中必不可少的一部分。基本活动和辅助活动是有机的整体，互相依存，不可或缺。

基本活动包含 5 个环节，分别是内部物流环节、生产作业环节、外部物流环节、市场营销环节和服务环节。

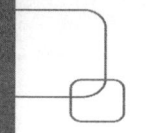

（1）内部物流环节。内部物流环节是企业生产的准备环节，具体指与原料供应相关的环节，包括原材料运输、仓储、调度等。

（2）生产作业环节。生产作业环节是企业价值链中的核心环节，将内部物流环节的原料转化为企业产品，包括产品的加工、制造、检测、打包等。

（3）外部物流环节。外部物流环节是将生产作业环节产出的产品转移到市场、用户中的环节，包括成品库存、调配、运输等。

（4）市场营销环节。市场营销环节是对企业的产品进行介绍、推广的环节，包括定价、推广、销售等。

（5）服务环节。服务环节是企业在用户使用企业产品时的支持环节，包括产品的安装、使用、修理、养护等。

辅助活动包含 4 个环节，分别是企业基础设施环节、人力资源管理环节、技术开发环节和采购环节。

（1）企业基础设施环节。企业基础设施是指企业运行、运营过程中所需的基础设施，既包括办公场所、生产车间等硬件基础设施，也包括规划、财务等软件基础设施。

（2）人力资源管理环节。人力资源管理是指企业所有人员的招聘、培训、管理等。

（3）技术开发环节。技术开发是指企业在整个价值链环节中涉及的所有技术的开发，并不简单指生产过程中生产技术和工艺的开发。

（4）采购环节。采购是指企业在生产企业产品的过程中设计的采购内容，包括原材料、上游服务等。

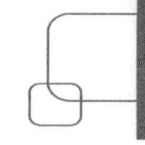

如今，企业面临的政治、经济、社会、技术等基本环境因素已经发生了天翻地覆的变化，企业应根据面临的环境因素，结合自身发展的需要，设计、梳理、优化属于自己的价值链。

一个现代化的企业应同时有多个不同类型的价值链，包括外部价值链和内部价值链。外部价值链以满足市场、用户的需求为导向，分析企业如何通过各价值环节，为市场和用户提供满足需求的产品；内部价值链以满足自身运营为导向，分析企业如何通过各价值环节，实现自身盈利和长期发展。

企业的外部价值链应至少包括 7 个主要环节，分别为市场、设计、研发、采购、生产、营销、售后，如图 6-1 所示。

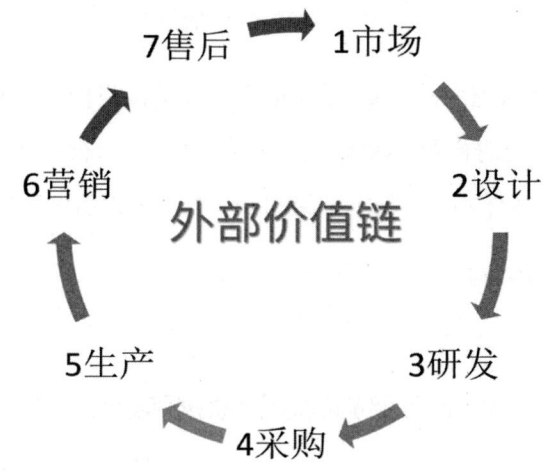

图 6-1   企业的外部价值链的 7 个环节

企业的外部价值链除了以上 7 个主要环节，还应包括相应的辅助环节。每个企业所处的行业、营商环境和竞争环境不同，可根据实际情况设定可以支撑整体外部价值链运转的具体辅助环节，在此不再赘述。

企业的内部价值链也应至少包括7个主要环节,分别为战略(规划)、人力、财务、数字智能化、采购、质量（安全）、经营,如图 6-2 所示。

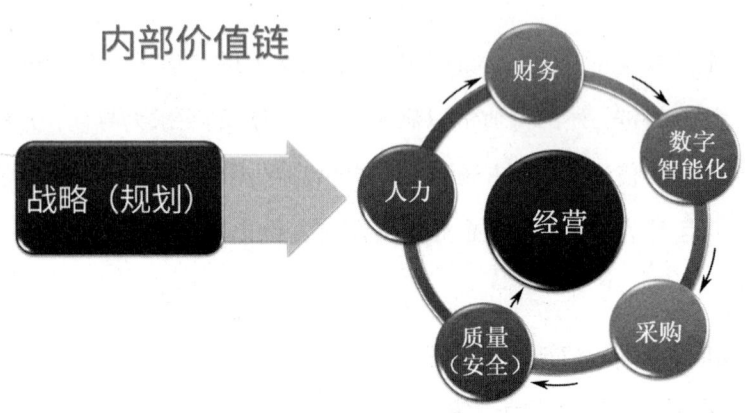

图 6-2　企业的内部价值链

企业的内部价值链除了以上 7 个主要环节，也应包括相应的辅助环节。每个企业所处的行业、地域和竞争环境不同，可根据实际情况设定可以支撑整体内部价值链运转的具体辅助环节，在此不再赘述。

企业级业务架构示意图如图 6-3 所示。

6.1.2　企业级业务架构的设计原则和组织结构

1. 设计原则

确认企业的价值链后，企业应根据内、外部价值链的设计结果综合考虑来设置企业的一级业务域，并设定每个业务域的业务能力。

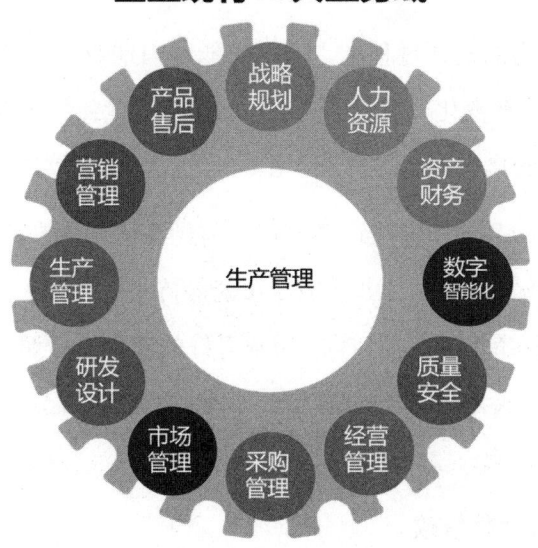

图 6-3　企业级业务架构示意图

企业在设计自身的业务能力时，应自始至终把握 4 项基本原则：高内聚、低耦合、隔离变化、以扩展代替修改。

1）高内聚

高内聚是指企业各一级业务域的业务能力应能独立或者较为独立，即业务域的自身业务能力应主要集中在本业务域中，业务域涉及的其他业务能力应大部分也都集中在本业务域中；同时本业务域中的业务功能之间的关系应尽量明显、明确。

2）低耦合

低耦合是指企业各一级业务域的业务能力与其他业务域的业务能力应明确区分、少关联，应该尽可能地减小耦合点。各业务域涉及的其他业务域的业务能力越少越好，仅有数据传递即可，以降低业务能力的耦合。

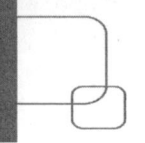

3）隔离变化

在业务能力的设计过程中，应尽可能地识别业务容易变化的点，提前识别变化、隔离变化，这样可使稳定的业务尽量保持不变，容易变化的业务在后续的变化过程中尽可能不影响其他业务的正常运转。

例如，在产品的所有生产环节中，有国家强制生产标准的业务可视为不太容易变化的点，这种业务应尽可能保持稳定。而对于产品的包装环节，有可能根据市场潮流的转向、用户喜好的变化进行调整，这种业务应尽量予以隔离，或者应尽量与稳定业务深度捆绑在一起，以减少后续变化对整体业务的影响。

4）以扩展代替修改

企业在发展过程中出现业务变化在所难免，而如何处理变化带来的影响需提前考虑和应对。

当一项业务发生变化时，应优先考虑是否能在不发生大调整的前提下，扩展某些业务环节或业务点，而不是调整整个业务内容。

例如，为迎合用户的消费习惯，当企业需要调整产品的包装方式时，应尽量在原有包装方式的基础上扩展出新的包装方式，而不是在原有的包装方式上大动干戈进行调整。如此一来，当其中一种包装方式需再次调整时，只会影响单一业务，而不至于再对整个包装环节进行大的调整。

2. 组织结构

企业可以依据设立的一级业务域及业务功能，规划建立企业的管理组织结构，构建企业业务能力的承载实体。

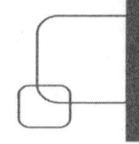

1）一般企业组织结构

常见的企业组织结构包括直线式、职能式、直线职能式、矩阵式和事业部式。

（1）直线式。

直线式组织结构是最简单的一种组织结构。上级组织直接、垂直管理下级组织。每个下级有且只有一个上级，同级之间没有交互和横向联系，最高管理者对所有下属负有全部管理职权。同级之间如果发生联系需求，则需通过上级领导者进行协调。直线式管理组织类似于军队的管理模式。

直线式组织结构的优点是关系简洁明了、执行力强，缺点是人员分工无法协作，无法胜任复杂的业务能力。

（2）职能式。

职能式组织结构是指上级机关设置多个职能部门，下级机关除了服从上级机关的命令，还需接受、执行上级机关各职能部门在其业务范围内下达的命令。

职能式组织结构在现代企业中较为常见，企业在管理层之下设立多个职能部门，负责各专业范围内的事务。职能部门在职责范围内对企业的各方面进行指导和管理。

职能式组织结构的优点是各职能部门可以对企业进行专业化的指导和管理，提升企业的专业能力和管理水平；缺点是多头领导，执行力有所削弱，同时增加了工作人员的数量。

（3）直线职能式。

直线职能式组织结构是直线式组织结构和职能式组织结构的结合。

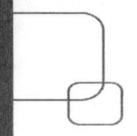

在直线职能式组织结构中，职能部门只是同级部门的配合角色，不再对企业各部门有命令权限。

直线职能式组织结构的优点是兼备二者之长，既包含了直线式的执行力，也兼顾了职能式的专业性；缺点是职能部门与其他部门之间容易产生意见不一致，沟通协调成本较大。

（4）矩阵式。

矩阵式组织结构是由职能部门和产品（项目）机构共同组成的。当有产品、项目进行建设时，从各职能部门抽调人员共同组成建设团队，建设完成后各职能部门人员再回归各自的职能部门。

矩阵式组织结构的组织形式灵活、具有弹性，适合环境变化大的企业，便于企业应对变化因素，快速进行企业的生产建设。矩阵式组织结构的缺点是组织结构变化较大，稳定性不高，成员受职能部门和建设团队的双重领导，容易造成指令冲突，增加沟通协调成本。

（5）事业部式。

事业部式组织结构是大型企业中常见的一种组织结构形式，也可以称为分、子公司制。各分、子公司独立运营、核算且自负盈亏。事业部式组织结构拥有企业运营的多项权力，可以促进企业的快速发展。事业部式组织结构的缺点是机构庞大，人员较多，增加了运营成本；总部企业需投入更多管理资源以管控各分、子公司，提升了管理难度。

2）敏捷企业组织结构

每个企业所处的经商环境、竞争环境、行业情况不同，企业应根据自身现阶段及后续发展的需要，合理选择适合自身发展的企业组织结构。

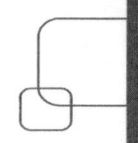

但是，每个企业都会面临市场变化大、变化快的局面，如何快速响应市场需要、满足用户需求是每个企业都应思考、应对的话题。因此，笔者建议企业应当在主题稳定的企业组织结构基础上，保留、具备矩阵式的快速组建能力，时刻捕捉、应对快速变化的市场环境，尽量不错过每个市场风口，最起码做到应对变化不掉队，只有这样，才能使自己立于不败之地，或者不至于被市场无情地淘汰。

3）业务架构管理组织

企业的业务架构需要专门的组织或机构负责，实现企业业务的实施、监督、反馈、优化和调整。

负责业务架构的组织或机构应在企业层级有专门的部门承担相应的职责，以保证企业战略、产品架构的整体规划、设计、实施和统一调配。

负责业务架构的组织或机构在企业的部门层级也应由专门的组织或个人负责，对上承接企业层级业务架构组织或机构的指示，同时作为本部门的业务对接人与相关部门尤其是数字化部门对接，完成本部门业务的数字化需求设计和开发工作。

6.2　部门级业务架构

6.2.1　部门级价值链

部门级价值链是对企业价值链的细化和实现。部门级价值链应完整实现对企业价值链的支持，确保企业价值链中每个环节的每项价值能力都得以准确无误地实现。

以企业外部价值链中的生产环节为例，生产环节应实现企业产品的生产，确保企业产品的可靠、可控、可鉴生产。生产环节的部门级价值链应包括工艺、物料、订单、排产、制造、品控等基本子环节。生产子价值链如图 6-4 所示。

图 6-4　生产子价值链

以企业内部价值链中的人力环节为例，人力环节应实现企业人力的管理，管理企业发展过程中的人员相关事务。人力环节的部门级价值链应包括招聘选拔、组织人事等基本子环节。人力子价值链如图 6-5 所示。

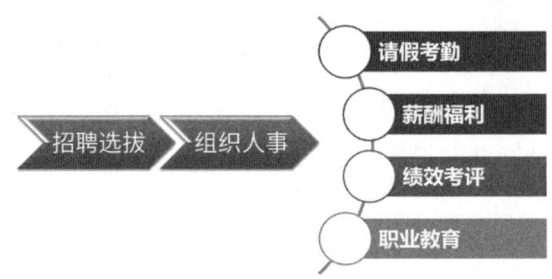

图 6-5　人力子价值链

6.2.2　部门级业务组件

部门级业务组件是对企业级业务能力的细化和实现。部门级业务组件应完整实现对企业级业务能力的支持，确保企业级业务能力中每个业务域的每项业务能力都得以准确无误地实现。每个业务域的业务组件实现依据是部门级价值链中所体现的内容。

以企业外部价值链中的生产环节为例，由于生产环节的部门级价值链应包括工艺、物料、订单、排产、制造、品控等子环节，因此生产管理业务域也应包含工艺、物料、订单、排产、制造、品控等基本业务组件。但是仅包含这些基本业务组件无法支持生产业务域的业务功能正常、顺利开展，因此除了基本业务组件，还应包括一些支持业务组件，如设备业务组件、生产监控业务组件、运营管控业务组件、基础业务组件等。支持业务组件如图 6-6 所示。

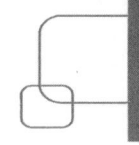

图 6-6　支持业务组件

6.2.3　跨部门通用业务组件

一些基础业务能力是所有业务域都涉及且不可或缺的。为了实现业务的有效管理，减少业务的重复建设，避免相同业务政出多门、业务混乱，应将所有业务域中涉及且不可或缺的基础业务组件从横向角度提炼出来，形成公共的基础组件以供其他业务域调用。

基础组件提炼出来后，应确定基础组件的归属业务域，并由基础组件的归属业务域提供业务功能。以人员业务组件为例，由于每个业务域都涉及人员业务功能的使用，因此不必每个业务域都有人员管理的业务组件，有通用的人员业务组件供所有业务域使用即可。

在确定人员业务组件为基础业务组件后，还应确定基础业务组件的承接业务域。根据人员管理是人力资源业务域应有的业务能力，可以确定应由人力资源业务域提供人员业务组件，当其他业务域需要使用人员管理业务功能时，可以直接使用已有、通用的人员业务组件，避免业务组件重复建设、政出多门而引发的业务混乱后果。

常用的基础业务组件如图 6-7 所示。

图 6-7　常用的基础业务组件

6.2.4　部门级组织架构

部门级业务组件设计完成后，企业应根据自身的敏捷企业组织结构，细化各部门（一级业务域）的处室及职责，构建企业部门级业务组件的承载实体。

6.2.5　部门级业务架构图

部门级业务架构示意图如图 6-8 所示。

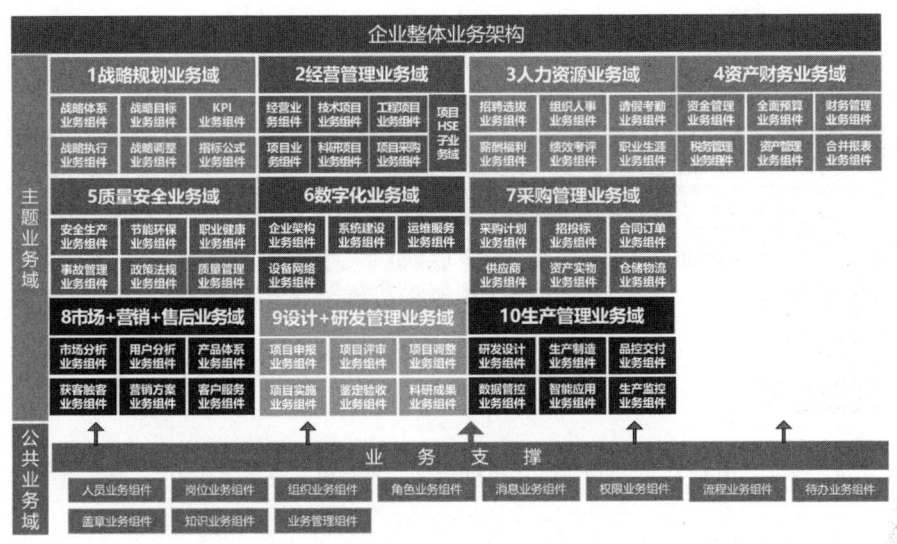

图 6-8　部门级业务架构示意图

6.3　单元级业务架构

6.3.1　单元级业务功能

单元级业务功能是部门级业务组件的细化和实现，是企业业务架构中最基本的业务功能。企业所有的业务能力最终都应该落实在单元级业务功能上，无法以单元级业务功能体现的业务能力都是虚构且无法实施的，这样的业务能力应该裁撤。

以企业外部价值链中的生产环节为例，生产环节的部门级价值链对应的生产管理业务域的业务组件包含工艺、物料、订单、排产、制造、品控等。生产管理业务组件包含的核心单元级业务功能如图 6-9 所示。

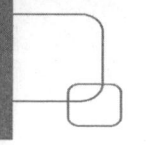

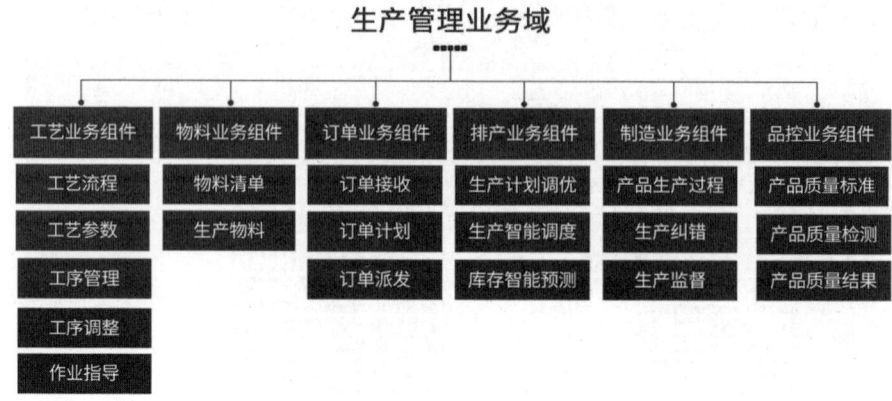

图 6-9　生产管理业务组件包含的核心单元级业务功能

1. 工艺业务组件

工艺业务组件是对生产产品的工艺进行管理的业务组件。工艺业务组件包含的单元级业务功能有工艺流程、工艺参数、工序管理、工序调整、作业指导。

2. 物料业务组件

物料业务组件是对生产产品所需物料进行管理的业务组件，其核心功能分为两类：物料清单管理和生产物料管理。针对物料清单的业务功能，物料业务组件可以实现对产品各级、各种组成部分的管理，如总装件、分装件、组件、部件、零件、原材料，以及各组成部分之间的关系、数量的管理；针对物料生产过程的业务功能，物料业务组件可以实现在产品生产过程中对所用物料整体过程的管控，如物料的上料、加工、跟踪等。

3. 订单业务组件

订单业务组件的业务功能是对产品生产订单的业务管理。订单业务组件包含的单元级业务功能有订单接收、订单计划、订单派发等。

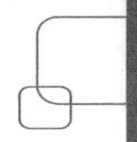

4. 排产业务组件

排产业务组件的业务功能是根据派发的订单计划，通过科学的算法调用物料，合理安排产品流水线资源，安排、设计产品生产任务，从而实现生产计划的排序、调度、优化，提升生产效率。

排产业务组件包含的单元级业务功能有生产计划调优、生产智能调度、库存智能预测等。

5. 制造业务组件

制造业务组件的业务功能是根据生产命令和要求，按照标准作业流程，按时、按质、按量精准实施、控制生产流程。在整体的生产过程中，持续监控全部生产环节和生产过程，保证生产过程正确、顺利地执行。

制造业务组件包含的单元级业务功能经分析和设计有产品生产过程、生产纠错、生产监督等。

6. 品控业务组件

品控业务组件的业务功能是规范系统产品质量，落实质量检验标准工序和质量控制的标准要求，落实产品质量管理手段，提高对质量的管理。

品控业务组件包含的单元级业务功能经分析和设计有产品质量标准、产品质量检测、产品质量结果等。

6.3.2　单元级业务功能设计方法

单元级业务功能模块是企业全部业务的最基本实现模块，承载了企业业务能力和业务组件的全部内容，分析、梳理、设计单元级业务功能是

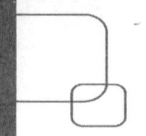

企业业务架构的基本操作。

为方便企业业务架构的落地，便于业务架构的实现与操作，可采用数字化应用的业务分析、梳理、设计方法。

业务功能分析可以通过分析用例图的方式进行。

用例图原本是在建设应用系统时用来描述系统需求功能和用户交互的模型图，用来分析需求的参与者（Actor）、用例（Use Case）及它们之间的关系构成（包括用例之间的关系、参与者之间的关系、用例和参与者之间的关系）。用例图是用户最终能观察到的系统功能的模型图，也是系统的蓝图。

采用用例图分析、梳理、设计单元级业务功能的优点如下。

（1）用例图帮助业务分析师分析、梳理、设计单元级业务功能的具体业务。业务分析师可以从每个单元级业务功能的顶级业务场景开始分析，逐步梳理、细化、完善，直至完成单元级业务功能的整体设计工作。

（2）用例图是一种可视化的业务功能分析、梳理、设计方法，便于理解和设计，有利于业务分析师工作的开展，促进业务分析师和用户之间的沟通、交流。

（3）用例图有成熟的操作工具，如 Rational Rose、Power designer 等，不仅功能完善、便于使用，还可以生成其他的式图，甚至直接生成程序代码，简化业务功能分析、梳理、设计的同时，节省后续业务细化、应用功能设计，甚至代码开发的工作流程。

用例之间的关系包括三种，分别是包含、扩展和泛化。

（1）包含。用例包含关系指整体用例包含部分用例，如生产管理用例包含生产用例，生产用例的一切参与者、用例、行为都是生产管理用例的

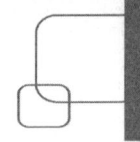

一部分。通过用例的包含关系，可以逐级细化用例，从企业业务能力细化至部门业务组件，再细化到单元级业务功能。

生产管理业务的用例图包含关系如图 6-10 所示。

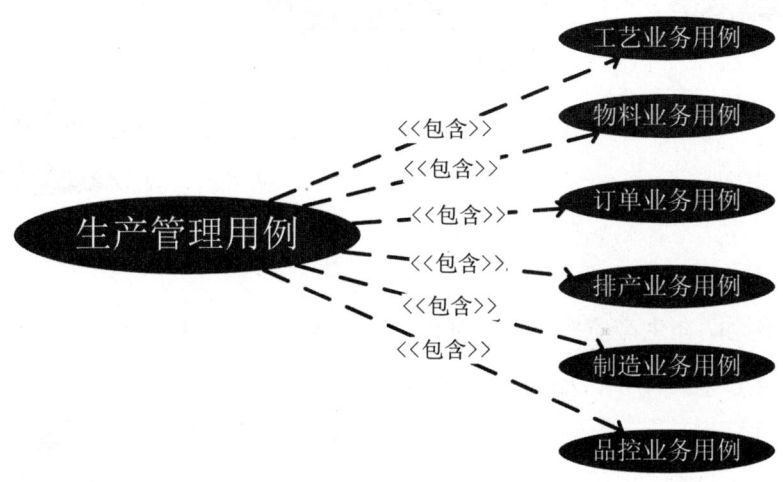

图 6-10　生产管理业务的用例图包含关系

（2）扩展。用例扩展关系指在基础用例（Base）上增加用例内容，增加的用例内容成为扩展用例（Extension）。通过用例的扩展关系，可以在不改变原有用例的基础上，根据业务的变化和调整，动态为基础用例添加、扩展用例内容。例如，在已有的生产管理用例基础上扩展出生产监控用例，如图 6-11 所示。

（3）泛化。用例的泛化关系是指在父用例的基础上复用相关的用例内容，再增加相应的用例内容，形成一个新的用例，新的用例成为父用例的子用例。通过用例的泛化关系，可以提取多个类似用例的共用用例内容来形成父用例，然后根据类似用例的不同内容分别形成不同的子用例。如此一来，既可以轻松复用已有的用例内容减少工作量，还可以在某个子用例发生变化时缩小变化的影响范围，减少整体用例的变化。

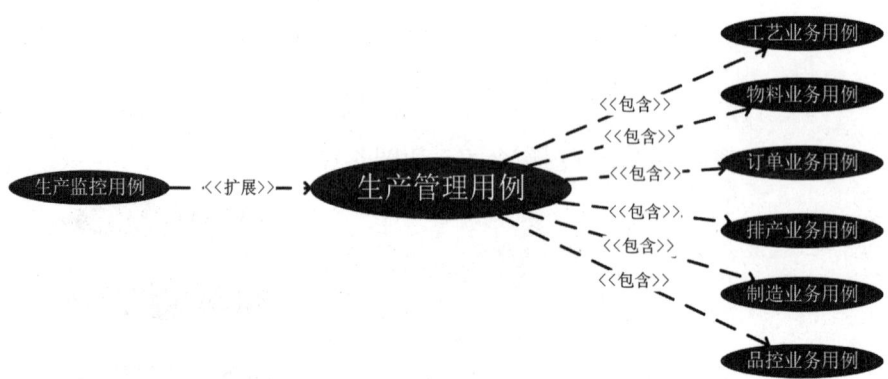

图 6-11　生产监控用例

例如，在生产监控用例的基础上，根据不同产品的特点，泛化不同产品的生产监控用例，如图 6-12 所示。

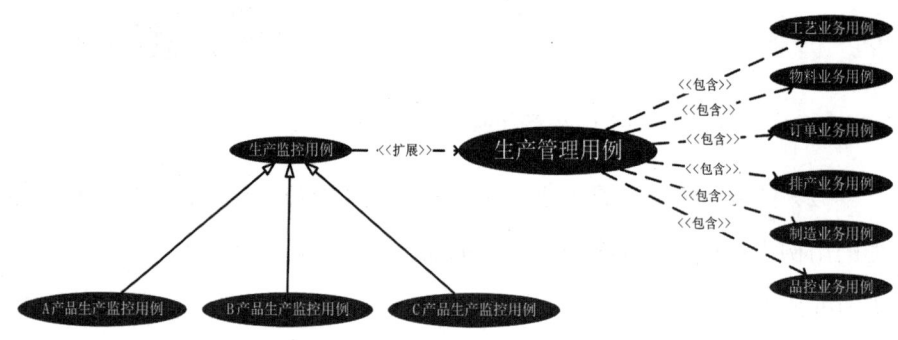

图 6-12　不同产品的生产监控用例

6.3.3　单元级业务架构图

本节以人力资源业务域单元级业务架构和生产管理业务域单元级业务架构为例，描述单元级业务架构内容。

1. 人力资源业务域单元级业务架构

人力资源业务域单元级业务架构示意图如图 6-13 所示。

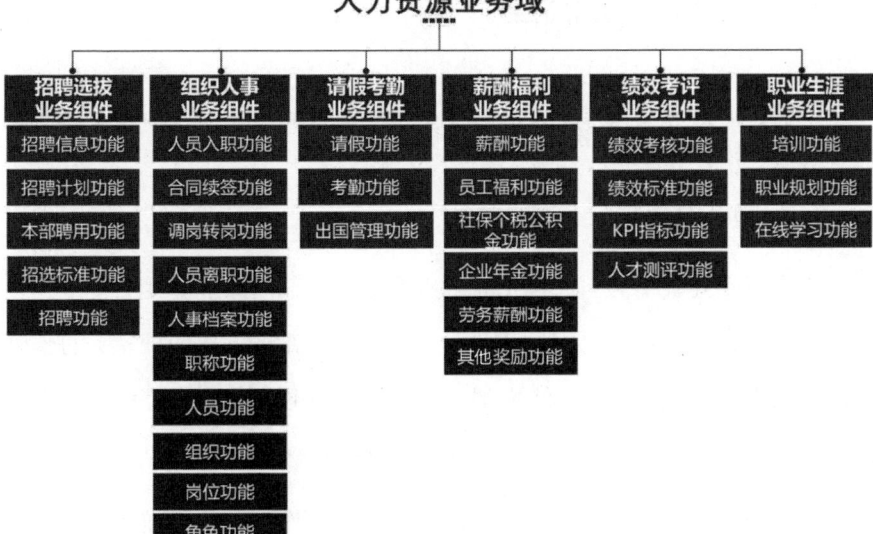

图 6-13　人力资源业务域单元级业务架构示意图

2. 生产管理业务域单元级业务架构

生产管理业务域单元级业务架构示意图如图 6-14 所示。

生产管理业务域

研发设计 业务组件	生产制造 业务组件	品控交付 业务组件	数据管控 业务组件	智能应用 业务组件	生产监控 业务组件
协同研发功能	MES功能	质量标准功能	数据采集功能	数据分析功能	数据监控功能
协同设计功能	ERP功能	质量检测功能	数据传输功能	数据挖掘功能	生产驾驶舱功能
内容生成功能	PDM功能	质量问题功能	数据存储功能	MineGPT功能	
仿真建模功能	PLM功能				
数字孪生功能	APS功能				
	工艺功能				

图 6-14　生产管理业务域单元级业务架构示意图

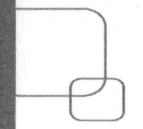

6.4 企业业务流程

6.4.1 企业业务流程设计

1. 以制度为基准

在完成企业业务设计（包括企业业务能力、部门级业务组件、单元级业务功能设计）和企业组织结构设计（包括企业部门、部门处室）的基础上，各部门应根据企业业务能力制定本部门的管理制度，各处室应在本部门管理制度的基础上细化具体的业务操作规范。

各部门、各处室应在部门管理制度、业务操作规范中明确部门级、处室级的标准作业流程（SOP），并据此设计相应的管理流程。

2. 流程分级管理

企业的业务流程应分级，后续流程的调整和维护也应分级管理。企业级的业务流程调整权限在企业，部门级的业务流程调整权限在部门，每个流程都要落实到不同的组织和具体的负责人。

3. 流程到岗

各级流程应以角色、岗位为操作对象，而不是具体到人，避免流程随人而变。涉及的角色、岗位应明确操作和处理流程的权限，非授权不得随意扩展或缩减角色、岗位的权限内容。

4. 流程数量控制

流程的整体数量应予以控制，避免业务流程变得繁文缛节。每个流程审批节点应该予以控制，避免流程流于形式，超过 10 个审批节点的流

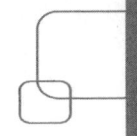

程尤其应该审视、精简。

5. 采用标准流程设计语言

流程设计应采用标准的设计语言，如 BPMN（Business Process Modeling Notation）。

BPMN 是流程建模、绘制业务流程图的通用和标准语言。BPMN 2.0 于 2013 年由国际标准化组织（ISO）正式发布为国际标准（ISO/IEC 19510）。

6.4.2 流程绩效考核

为了提升企业的业务处理效率和处理质量，企业应对相关人员执行企业流程的过程进行考核。

1. 流程绩效考核参数

在执行流程时，应记录流程执行过程中的考核参数。流程绩效考核参数如图 6-15 所示。

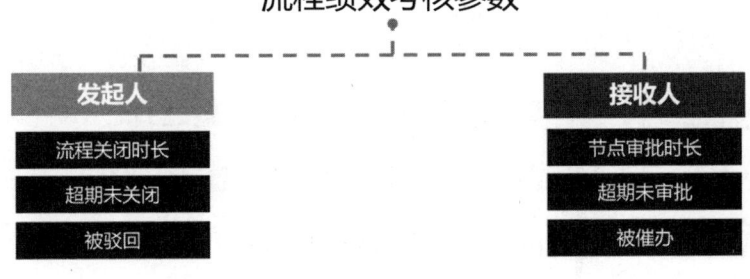

图 6-15 流程绩效考核参数

2. 流程绩效考核算法

为了量化流程执行过程中的具体情况，企业应根据流程绩效考核参数设定流程绩效考核算法。根据流程绩效考核算法的统计分数规则可以计算每个人的流程绩效分数，并据此进行考核。

流程绩效分数可以分为两部分：流程发起人流程绩效考核分数、流程接收人流程绩效考核分数。数字化流程绩效分数为两部分流程绩效分数之和。

1）流程发起人流程绩效考核分数计分规则

流程发起人发起流程到流程结束的时长在一周内（含）的计 1 分；时长在两周内（含）的计 0 分；时长超过两周的，每超过一天计-0.1 分，最多计-1 分。

流程发起人发起的流程被驳回至发起人，驳回次数为 0 的，计 0 分；驳回次数为 1 的，计-0.1 分；驳回次数大于 1 的，计-0.2 分。

流程发起人流程绩效考核分数计分规则如图 6-16 所示。

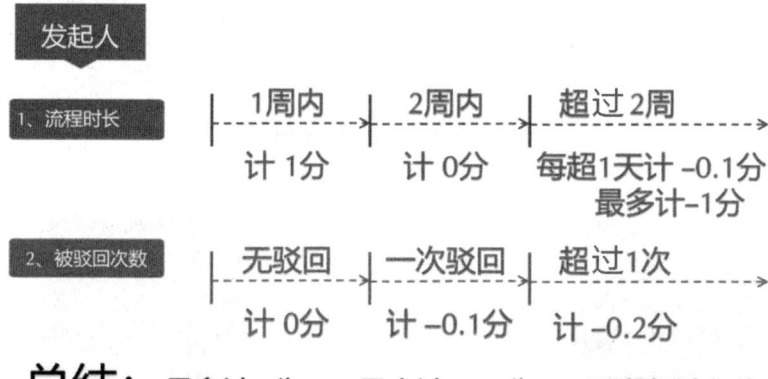

图 6-16　流程发起人流程绩效考核分数计分规则

2）流程接收人流程绩效考核分数计分规则

接收人审批时长小于 5 小时（不含）的，计（0.5-0.1x）分，其中，

x 为小时数，不足 1 小时的按 1 小时计算。

接收人审批时长大于 5 小时（含）小于 1 天（不含）的，计 0 分。

接收人审批时长超过 1 天（含）的，每超过 1 天计-0.1 分，最多计-0.5 分。

接收人审批期间被催办次数为 0 的，计 0 分；审批时长超过 1 天且被催办次数为 1 的，计-0.1 分；审批时长超过 1 天且被催办次数大于 1 的，计-0.2 分。

流程接收人流程绩效考核分数计分规则如图 6-17 所示。

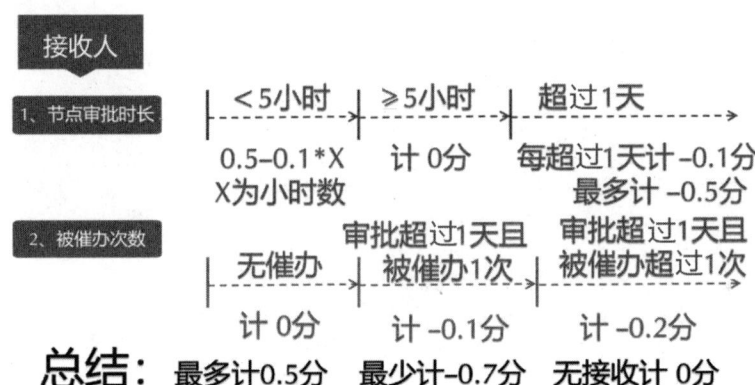

图 6-17　流程接收人流程绩效考核分数计分规则

3）流程绩效考核分数的统计时间

流程绩效考核分数的统计时间标准为工作日标准工作时间。非工作日、节假日不在统计时长范围内。

6.4.3　企业业务流程优化

企业应该对业务流程进行统计、分析、挖掘和考核，并在此基础上分

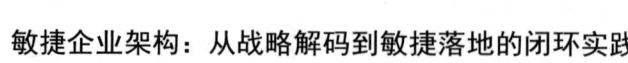

析流程可能存在的问题，定期、逐步对所有流程问题进行优化和改进。

同时，企业应确定所有流程的优化统计参数，如发起流程数、审批流程数、流程超期数、审批超时数、平均发起流程时长、平均审批流程时长、流程超期比、审批超时比等。根据优化统计参数的统计结果，分析参数合理阈值外的流程存在的问题，并逐步优化和改进，提升企业业务处理的效率和质量。

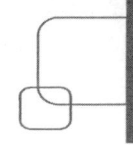

07
数据架构

7.1 数据架构总体设计

7.1.1 数据架构设计路径

根据企业外部价值链和内部价值链的设计结果，沿着外部价值链和内部价值链的价值路径可以分析、设计出企业的整体数据流向。根据整体数据流向中包含的各数据流向、数据处理及存储内容可以将企业的整体数据划分为连贯且相对独立的数据域。

针对每个数据域，企业可以将顶层数据流逐级细化，形成一级、二级、三级甚至更详细的数据流，从而形成企业的整体数据流、数据处理及存储内容。在此基础上，分别从每个数据域最低级的数据流开始，进行数据的概念架构设计，自下而上逐渐集成，形成每个业务域的数据概念架构

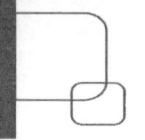

和企业的整体概念架构。

在形成企业整体概念架构的基础上，企业可以按照数据库设计范式的理论要求、适当冗余的实际需要，设计整体数据逻辑架构及数据物理架构，最终形成企业的整体数据架构。

7.1.2 数据架构设计工具

工欲善其事，必先利其器。进行数据架构设计的基础是梳理和分析企业业务数据。在软件工程中，最为常见、使用最普遍的一种企业业务数据梳理和分析的设计方法论就是数据流图。

数据流图（Data Flow Diagram，DFD）是一种对数据的流向、处理、存储及使用进行分析和设计的方法论，是数据模型不可或缺的重要组成部分。数据流图可以帮助用户用图形化的方式分析、展示数据的开始、结束以及数据的流向，同时可以清晰地描述和展示数据的处理、存储、访问等数据转换操作。

数据流图包含以下 4 项基本内容。

（1）数据流。数据流是一组数据信息及其流向过程的组合。数据信息是数据流包含的数据项；数据信息的流向用箭头表示，数据可以在起点、终点之间流转，也可以在数据处理和数据存储之间流转。

（2）数据处理。数据处理描述了数据从输入数据流到输出数据流之间的转换过程，即输入数据流经过数据处理后变成了输出数据流。数据处理用圆角方框或者圆表示。

（3）数据存储。数据存储是数据处理完成后存储的内容和位置。数据存储用▭▭或 ▭ 表示。

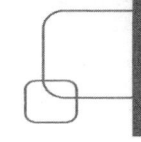

（4）外部实体。外部实体是存在于数据模型以外的、与数据模型有关的人员、组织或事物。外部实体用▢或▢表示。

7.1.3　数据架构设计软件

数据架构的分析设计可以采用成熟的软件工具。常用的设计工具主要有 Sybase PowerDesigner 和 Rational Rose。除此之外，Microsoft Visio 等其他的软件工具也可以进行数据架构的分析和设计。但 Microsoft Visio 等工具只能进行软件架构的分析和设计，而 Sybase PowerDesigner 和 Rational Rose 则可以根据数据概念模型适配主流的数据库（如 Oracle、MySQL、SQLServer 等），自动生成目标数据库的逻辑模型、物理模型，并可以在对生成的逻辑模型进行调整后自动生成适配目标数据库的物理模型和建库建表的 SQL（Structural Query Language，结构化查询语言）语句。

7.2　企业业务数据流

按照数据流图的实施方法论，应先分析和设计企业业务数据的顶端数据流，依据顶端数据流的节点设置企业业务数据的数据域。再针对每个企业业务数据的数据域，逐层细化数据域的数据流图，直至数据流图详尽展示数据域的全部业务数据流。

同时，针对每个数据域的所有数据流图，分析、设计每个数据域的数据内容及架构，形成每个业务域的数据字典，最终汇总成企业的整体数据字典，为进一步分析和设计数据架构打下基础。

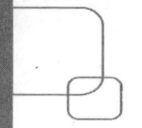

7.2.1 数据域划分

根据数据域的划分结果，按照外部价值链、内部价值链的价值传导路径，逐步、逐级（自上而下）细化数据流图。

本书第 6 章已经阐述了企业内、外部价值链的分析和设计。企业的外部价值链应包括至少 7 个主要环节，分别为市场、设计、研发、采购、生产、营销、售后。企业的内部价值链也应至少包括 7 个主要环节，分别为战略（规划）、人力、财务、数字智能化、采购、质量（安全）、经营。

企业内、外部价值链的价值传导过程也是企业业务数据的传递过程。企业外部价值链的顶级数据流图如图 7-1 所示。

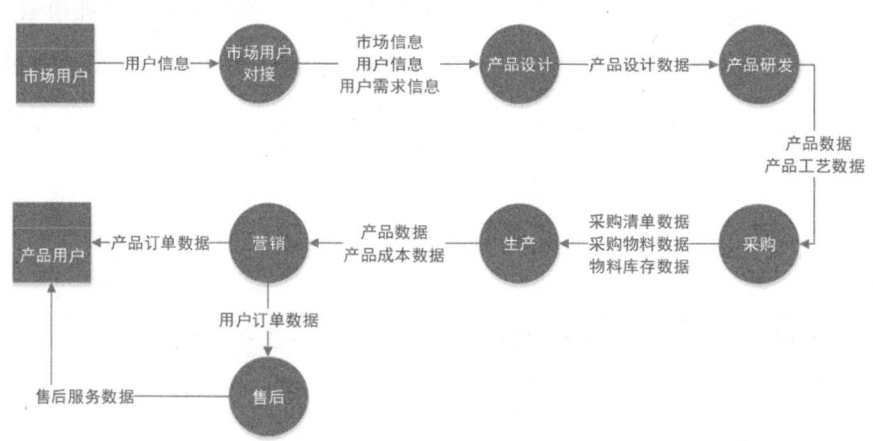

图 7-1　企业外部价值链的顶级数据流图

企业内部价值链的顶级数据流图如图 7-2 所示。

根据企业内、外部价值链的顶级数据流图，将企业整体架构划分为 12 个数据域，分别为市场数据域、设计研发数据域、采购数据域、生产数据域、营销数据域、售后数据域、战略（规划）数据域、人力数据域、资产财务数据域、数字智能化数据域、质量（安全）数据域、经营数据域。

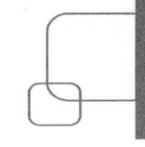

其中，外部价值链中的生产采购数据域与内部价值链中的经营采购数据
域合并为采购数据域。

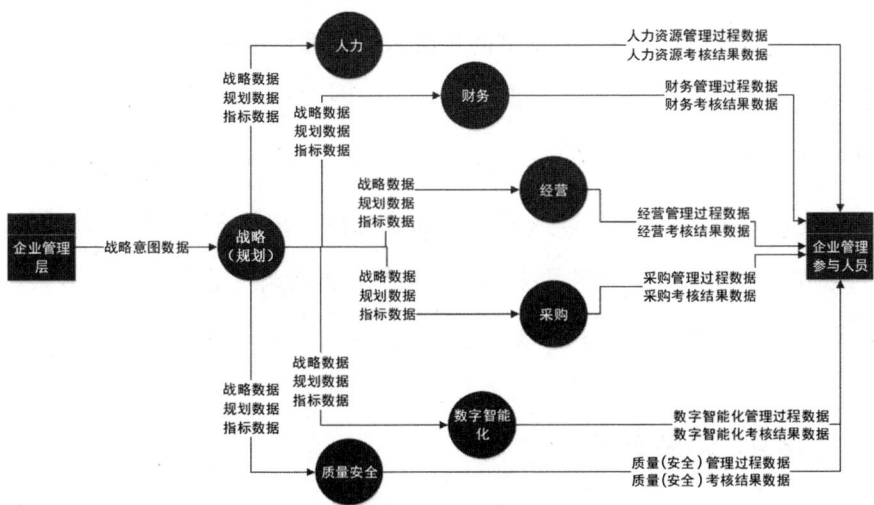

图 7-2 企业内部价值链的顶级数据流图

企业整体的 12 个数据域如图 7-3 所示。

企业整体12个数据域

图 7-3 企业整体的 12 个数据域

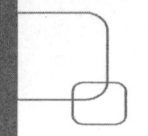

7.2.2　数据流逐层细化

根据已经设计完成的企业业务数据顶级数据流图，按图索骥、逐一分析每个数据域，将每个数据域的顶级数据流图逐层细化，即从一级数据流图开始，逐层分析，细化数据域的数据流图，直至数据流图详尽展示数据域的全部业务数据流。

完成以上工作后，可以形成12个数据域的全部数据流图的设计结果，汇总成册后完成企业业务数据的全部数据流的梳理和设计，为数据架构的下一步分析和设计打下基础。

7.2.3　数据字典

数据字典（Data Dictionary）是软件工程中进行数据分析和设计的常用工具。数据字典采用特定的文件格式记录系统数据流图中的各基本要素（数据流、数据存储、数据访问、数据处理、外部实体等）的具体内容和特征，以及各要素的完整定义和说明。数据字典是描述数据的信息集合，也是定义全部数据元素的集合。

数据字典是分析结构化数据的重要工具，是对数据流图的重要补充和注释。通过数据字典可以查询所有数据内容。

在分析、设计企业业务数据流的过程中，应将所有数据域的所有层级的数据流图所涉及的数据处理过程、数据存储内容、数据读取内容、数据流的外部实体等内容予以全部记录和保存，形成数据字典后用于指导下一步的数据架构分析和设计工作。

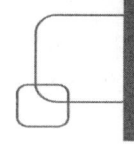

7.3　概念数据模型

根据数据流图和数据字典的分析和设计，可以得出企业业务数据的数据内容和数据结构。但是各数据实体的详细模型及实体之间的关系还未得到清晰、有效的确认，企业的业务数据模型未能有效建立，因此在利用数据流图和数据字典时，需要采用合适的方法论及建模工具，构建企业业务数据的整体数据模型，即概念数据模型。

概念数据模型（Concept Data Model，CDM）是描述企业现实情况中的数据及其相互关系的模型，反映了企业实际的、容易被企业用户理解的数据现状。

概念数据模型是对企业现实数据的抽象建模和整体概括，必须对数据实体进行详尽的定义和描述，同时必须对实体与实体之间的关系进行定义和描述。

概念数据模型是独立于任何数据库的具体实现技术，与应用系统的开发语言和技术无关，是企业数据架构从现实世界通往数字世界的桥梁。

7.3.1　概念数据模型建模工具

概念数据模型通常使用实体－关系模型（E-R 图）或统一建模语言（UML）等进行建模，详细展示数据实体、属性，以及实体之间的关系等。本书采用 E-R 图进行概念数据模型的分析和设计。

概念数据模型包括以下 3 种基本元素。

1）实体

实体是现实世界的一个对象，有唯一的、区别于其他对象的标识，该唯一的标识是成为实体的关键。实体可以是人、事、物体、行为等抽象对象。

实体对应数据库中的数据表，实体的每个客体都是数据表中的一条数据。

实体可以代表现实世界的对象，也可以直接映射至数据库中的每个数据表中的某条数据。实体是连接现实世界对象与数字世界对象的桥梁，是数据架构分析和设计中最重要的部分。

在 E-R 图中用矩形表示实体内容。

2）属性

属性是描述实体的特点、元素、组成等方面的具体项，组成了实体的具体内容。

属性对应数据库中的数据字段，包含数据类型、属性范围等内容。

属性根据类型可分为标识属性、基本属性、扩展属性等。标识属性是所属实体的唯一标识或关联实体的唯一标识，可以有一个，也可以有多个，共同组成实体的唯一标识；基本属性是实体的基本组成内容，是实体内容的基本承载，描述了实体主要部分；扩展属性是实体的附加内容，用于实体的完整性描述，实现实体内容的扩展。

在 E-R 图中用椭圆形表示属性内容，且用线与实体连接，表明该属性与某一具体实体的从属关系。

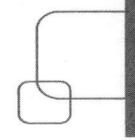

3）实体之间的关系

实体关系是对实体间关联的准确、清晰刻画，揭示了其最基本的关联内容。

实体之间的关系分为以下 3 种。

（1）一对一的关系。一对一的关系是指两个实体之间存在一一对应的关系，任何一个实体都最多与另一个实体有唯一的对应关系。例如，中国夫妻关系中的丈夫与妻子就是一对一的关系。

（2）一对多的关系。一对多的关系是指两个实体之间存在一个对应多个的关系，A 实体与 B 实体是一对多的关系是指一个 A 实体可以对应多个 B 实体；反过来，一个 B 实体最多对应一个 A 实体。例如，家庭关系中的父母与孩子是一对多的关系（生理上），每对父母可以对应多个孩子，但是每个孩子只有一对父母。

（3）多对多的关系。多对多的关系是指两个实体之间存在多个对应多个的关系，A 实体与 B 实体是多对多的关系是指一个 A 实体可以对应多个 B 实体；反过来，一个 B 实体也可以对应多个 A 实体。例如，教师与学生的关系就是多对多的关系，一名教师可以对应多个学生，一个学生也可以对应多名教师。

7.3.2　概念数据模型建模方法

分析和设计企业业务数据的整体概念数据模型不是一蹴而就的，一般情况下无法直接将整体数据流图和数据字典全部转换为概念数据模型。概念数据模型的分析和设计应该逐步进行，先分别实现各数据域概念数据模型的分析和设计，然后逐步集成各数据域的概念数据模型，再对整体

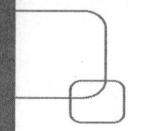

的概念数据模型进行优化升级，最终完成企业业务数据概念数据模型的建立。

根据企业整体数据流图的数据传导路径，从数据流图最上游的数据域开始，依据当前数据域已经分析和设计完成的数据流图，逐步（自下而上）梳理、分析、设计概念数据模型（E-R 图）。梳理、分析的内容包括数据项、字段内容、数据引用关系等，设计的 E-R 图中包括实体、属性、实体之间的关系等，逐步形成当前数据域的 E-R 图。

数据域内 E-R 图的设计步骤如下。

（1）确定数据域的边界及其与其他数据域的关联关系。

（2）从数据域的底层数据流图开始，结合数据字典逐一识别数据实体。

（3）结合数据字典识别每个实体的全部属性，确定每个实体的唯一标识（一个或多个）。

（4）确定实体之间的关系，以及实体之间关系的具体内容，如主键、外键等。

经过以上步骤可以形成当前数据域的整体 E-R 图，然后按照当前数据域的整体数据流图和数据字典，自下而上地沿着数据流图逐一检查、核对整体 E-R 图的全面性、准确性、一致性，保证整体 E-R 图无遗漏、无缺失、无冲突。

7.3.3 概念数据模型集成

在形成的各数据域 E-R 图的基础上，按照整体数据域已经分析和设计完成的整体数据流图，结合整体数据字典，根据企业整体数据流图的数

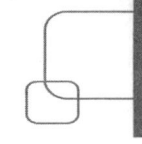

据传导路径，从数据流图上游的数据域开始，集成各数据域的 E-R 图，最终形成企业的整体 E-R 图，即概念数据模型。

E-R 图的集成既可以采用一次集成的方式，也可以采用逐步集成的方式。E-R 图一次集成的方式一般情况下比较复杂，且难度较大，容易牵一发而动全身，以至于造成数据实体、属性和实体之间关系的多次、普遍调整，或者属性、实体之间关系的冲突，为整体 E-R 图的不稳定埋下隐患。

因此，E-R 图的集成建议采用按照数据流图的数据传导路径逐步集成的方式，从数据流图的头部数据域开始，每次集成一个数据域的 E-R 图，逐步完成企业整体 E-R 图的建设。整体数据域概念模型如图 7-4 所示。

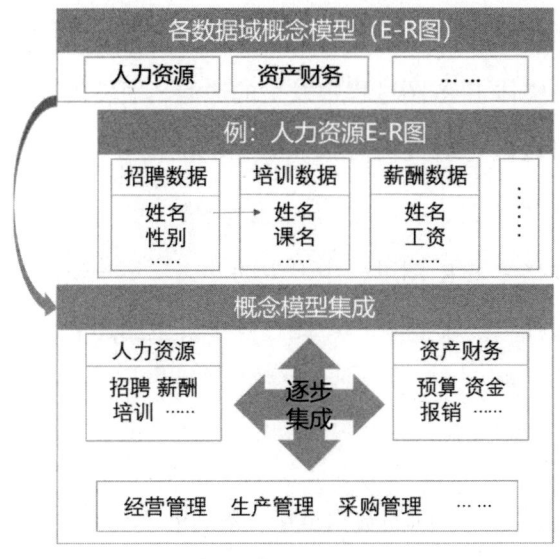

图 7-4　整体数据域概念模型

采用逐步集成 E-R 图的方式虽然增加了调整实体、属性和实体之间关系的频率，但是降低了实体、属性和实体之间关系调整的规模，降低了集成 E-R 图的复杂度；同时控制了实体、属性和实体之间关系每次的调

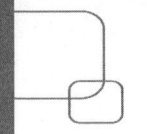

整范围，减少了属性、实体之间关系的冲突，提高了企业整体 E-R 图的健壮性，为后续的数据架构分析和设计打下了良好的基础。

集成整体 E-R 图不是简单地将各数据域的 E-R 图直接合并，而是将各数据域的 E-R 图进行整体融合。而且在各数据域进行 E-R 图的设计过程中，往往是不同人员负责不同数据域的 E-R 图分析和设计，因此在最终的 E-R 图集成过程中难免会发生数据实体、数据属性、实体之间关系的遗漏、缺失或者冲突、不一致的情况。

针对集成整体 E-R 图过程中发生的遗漏、缺失或者冲突、不一致的情况，不能简单处理了事，应该从整体 E-R 图的角度分析遗漏、缺失或者冲突、不一致的原因，从根源上将遗漏、缺失或者冲突、不一致的内容消除，确保集成后整体 E-R 图的全面性、准确性、一致性。

对于集成整体 E-R 图过程中发生的遗漏、缺失内容，处理起来相对简单，只需将遗漏、缺失内容按照数据域的划分，从整体 E-R 图的角度予以补充即可。

对于集成整体 E-R 图过程中发生的冲突、不一致的情况，处理起来相对复杂、困难。集成整体 E-R 图过程中发生的冲突、不一致的情况一般常分为以下 4 种。

（1）命名冲突。

命名冲突是指在不同的数据域中，不同的实体、属性、实体之间关系存在同名异体或同体异名的情况。同名异体是指在不同的数据域中，同一个实体、属性、实体之间关系被赋予了多个不同的名称；而同体异名则是指在不同的数据域中，相同的名称被用于指代不同的实体、属性、实体之间关系。

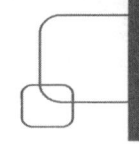

针对命名冲突，一般采取友好协商、统一命名的方式予以解决。

（2）实体冲突。

实体冲突是指同一个数据实体在不同的数据域中都会被分析和设计，而且有可能同一个数据实体在不同的数据域中存在不同的属性和实体之间的关系。

针对实体冲突，可以将实体、属性、实体之间的关系予以整合，形成冲突实体的融合；如果冲突实体之间存在较大差异或冲突实体之间相对较为独立，那么可以考虑将冲突实体之间的属性转为实体，或者将某一实体降为属性后再进行实体的融合。

（3）属性冲突。

属性冲突是指同一个实体在不同的数据域中存在不同的属性或者由属性的类型、阈值不同造成的冲突。

针对存在不同属性的属性冲突，可以将同一个实体在不同数据域中存在的属性予以融合，形成该实体统一的属性范围。

针对属性类型不同的属性冲突，根据不同的数据类型，取能兼容二者的数据类型为该属性的最终数据类型。例如，整数类型（int 型）与浮点数类型（float 型）的冲突可以选择浮点数类型作为该属性的最终数据类型；数据类型（int 型、float 型、number 类型）与文本类型（varchar、nvarchar、text）的冲突可以选择文本类型作为该属性的最终数据类型。

（4）实体之间的关系冲突。

实体之间的关系冲突是指实体之间的关系存在不同的关系类型。不同的实体在不同的数据域中存在一对一的关系、一对多的关系或多对多的关系。

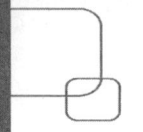

针对实体之间的关系冲突，一般采取友好协商、统一关系的方式解决。可以将一对一的关系转换成一对多的关系，也可以将一对多的关系转换成多对多的关系。

7.4　逻辑数据模型

逻辑数据模型（Logical Data Model，LDM）是数据架构设计的第二阶段，是在概念数据模型基础上的进一步细化和拓展。逻辑数据模型描述了数据的逻辑结构，是数据模型的一个高层次抽象。

逻辑数据模型在概念数据模型基础之上，细化、提炼了实体、属性、实体之间关系的具体内容，提升了数据模型的清晰程度。

7.4.1　逻辑数据模型生成

采用 Sybase PowerDesigner 等工具可以根据已设计好的概念数据模型适配主流的数据库（如 Oracle、MySQL、SQLServer 等），自动生成目标数据库的逻辑模型、物理模型和建库建表的 SQL 语句。

用户也可以使用 Sybase PowerDesigner 等工具的反向工程功能，直接将已有的数据库进行反向建模操作，自动生成逻辑数据模型。

以上操作可以直接参考相关工具的使用说明，在此不再赘述。

7.4.2　逻辑数据模型优化

采用数据建模工具可以利用已有概念数据模型直接生成逻辑数据模

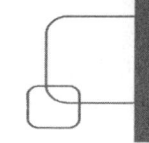

型，也可以直接生成建库建表的 SQL 语句，从而快速实现目标数据库的直接建库建表操作，但是直接生成的逻辑数据模型还存在诸多不完善之处，因此需要对自动生成的逻辑数据模型进行优化、升级。

优化、升级逻辑数据模型主要遵循数据库的相关设计原则——数据库范式。

数据库范式（Normal Form，NF）是在进行数据模型、数据架构设计时应遵循的设计原则和设计约束。

数据库范式共有 6 种，分别是第一范式（1NF）、第二范式（2NF）、第三范式（3NF）、巴斯-科德范式（BCNF）、第四范式（4NF）和第五范式（5NF）。

（1）第一范式（1NF）。如果数据模型的任何实体的任何属性都是不可再分的原子值，那么可称该数据模型满足第一范式。

（2）第二范式（2NF）。如果数据模型在满足第一范式的基础上，其任何实体的非主属性完全依赖候选键（表主键），那么可称该数据模型满足第二范式。

（3）第三范式（3NF）。如果数据模型在满足第二范式的基础上，其任何实体的非主属性仅依赖候选键（表主键），不依赖其他非主键，即消除了传递依赖，那么可称该数据模型满足第三范式。

（4）巴斯-科德范式（BCNF）。如果数据模型在满足第三范式的基础上，其任何实体的任何属性（包括主属性和非主属性）不依赖主键子集，即在 3NF 的基础上消除主属性对主码子集的依赖，那么可称该数据模型满足巴斯-科德范式。巴斯-科德范式也因此被称为第三范式的加强版，而不是第四范式。

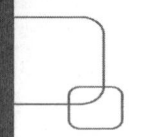

（5）第四范式（4NF）。数据模型在满足第三范式的基础上，当任何非主属性都互相独立时，这些非主属性不能有多种值。

（6）第五范式（5NF）。数据模型在满足第四范式的基础上，尽量将实体属性分开，减少数据冗余。第五范式也因此被称为完美范式。

从 6 种范式的定义和规范内容可以看出，从第一范式到第五范式，范式的约束越来越多，同时范式约束下的数据冗余也越来越少。

数据冗余越少，代表数据模型越精简、越规范。但不是所有的数据模型都需要尽可能采用更高级的数据范式，因为在某些使用条件下，适当的数据冗余可以提升数据的访问效率。例如，在 A 表中存储与之关联度较强的 B 表中的个别属性，在访问 A 表时可直接读取相关的 B 表属性，这样可以减少数据库的连接次数和数据库表的访问次数，提升数据操作的效率。

因此，应根据数据模型、数据架构的实际情况，在采用较高范式和实际使用需求之间找到合理的平衡点，最大化提升数据的操作效率，从而提升数据模型、数据架构的整体完善程度。

7.5　物理数据模型

物理数据模型（Physical Data Model，PDM）是数据架构设计的第三阶段，是逻辑数据模型针对不同目标数据库（如 Oracle、MySQL、SQL Server 等）的具体实现，展示了逻辑数据模型在不同目标数据库中的落地内容和实现方式。

物理数据模型主要考虑逻辑数据模型落地后，在目标数据库中的存

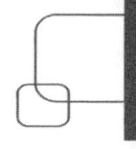

储布局（字段名、数据类型、存储大小等）、分区、数据库表结构、索引等具体落地细节，也包含存储效率、访问速度、备份恢复、硬件和操作系统环境等实际物理因素，最终确保实现数据操作时间、查询速度和存储效率的具体要求，确保数据库的运行效率、存取速度和运行的可靠性。

不同的企业数据模型在应对不同的数据使用场景时需要使用不同的物理数据模型，设计物理数据模型的方式、方法也不一而足。

在设计物理数据模型时需考虑的通用设计原则包括以下 5 条。

（1）增加基础设施的容量和性能，包括使用机械硬盘、增加内存容量和性能、提升 CPU（中央处理器）的核数和性能、拓宽网络带宽等。

（2）负载均衡。在实现数据库读、写分离的基础上，使用负载均衡技术可以将读、写操作分配到不同的数据库实例上，提升数据的读、写操作性能。

（3）使用缓存。使用缓存技术可以大大提升数据库的读取操作性能。缓存分为两种，一种是使用 memcached、Redis 等工具提升数据的访问效率；另一种是使用数据库自身的缓存机制来提升数据的访问效率。

（4）数据存储分区。数据存储分区是将数据表分开存储，以提升数据的读、写操作性能。数据存储分区分为水平分区和垂直分区。

水平分区是将数据表中的数据按照数据行拆分存储在不同表或存储位置上；垂直分区是将数据表中的数据按照属性（字段）进行拆分，不同的属性（字段）存储在不同表或存储位置上。

（5）增加索引。使用索引可以大幅提升数据的访问速度。但使用的索引不是越多越好，因为每个索引都会占用存储空间。应该视具体数据情况（数据列的唯一性、数据更新频率等）合理创建索引。

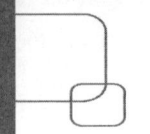

7.6　主数据

主数据是企业业务架构中存在的最核心数据，是企业所有业务都会重复使用的、长期稳定存在的基本数据。

主数据的建立可以统一企业的业务标准，提升企业业务的规范性，保障企业业务标准的推进和实施。

1. 主数据的范围

不同企业的业务范围和业务场景各不相同，其主数据范围和内容也不尽相同。但是现代企业的业务经营模式大致相同，通用的主数据范围和内容有相通之处。

通用的主数据范围包括以下内容。

（1）人员主数据。人员主数据主要包括人员编码、姓名、性别、年龄、手机号码、办公电话、岗位、职务、所属组织等。

（2）组织主数据。组织主数据主要包括组织编码、组织名称、组织层级、父级组织编码、地址、邮编、传真、联系方式等。

（3）经营指标主数据。经营指标主数据主要包括经营指标编码、经营指标名称、经营指标层级、经营指标责任组织、经营指标计算公式等。

（4）财务主数据。财务主数据内容较多，主要包括财务指标类主数据（财务指标编码、财务指标名称、财务指标层级、财务指标计算公式），会计类主数据（会计科目等），成本类主数据，固定资产类主数据（固定资产编码、固定资产类型、固定资产名称、固定资产位置等）。

（5）物料主数据。物料主数据主要包括物料编码、物料名称、物料规格、物料型号等。

（6）应用系统主数据。应用系统主数据主要包括应用系统编码、应用系统名称、应用系统功能列表、应用系统负责部门、应用系统负责人等。

（7）供应链主数据。供应链主数据主要包括供应商编码、供应商名称、供应商简称、供应商法人、供应商联系方式等。

（8）客户主数据。客户主数据主要包括客户编码、客户名称、客户简称、客户联系方式等。

（9）产品主数据。产品主数据的内容较多，主要包括产品研发主数据、产品工艺主数据、产品生产主数据等。

2. 主数据的收集

在设计概念数据模型阶段，企业在梳理企业整体数据流图和数据字典的同时，可以收集、分析、提取整体数据架构的主数据，梳理出初版的企业主数据内容。

在设计逻辑数据模型阶段，企业在优化升级逻辑数据模型的同时，可以确定企业的整体主数据内容。

在设计物理数据模型阶段，企业在部署物理数据模型的同时，可以进行企业主数据最终的确认和实施。

企业主数据内容收集如图7-5所示。

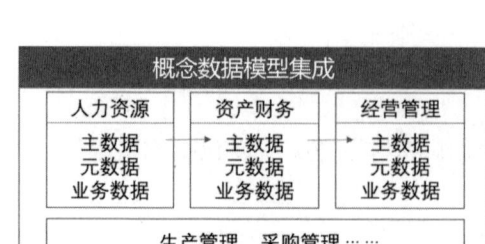

图 7-5　企业主数据内容收集

3. 主数据的维护

主数据确认及实施完成后，企业需要定期对主数据进行维护和管理升级。可以根据企业主数据的管理模式选择主数据的维护方式。例如，可以在各应用系统中对主数据进行管理维护，也可以建立主数据系统实现对主数据的管理维护。

主数据的管理应该落实到具体的组织和人。不同数据域的主管部门是职责范围内数据域内主数据的责任单位，数据域的主管部门的数据管理责任人是本数据域内主数据的第一责任人。

主数据的责任单位和责任人应定期对职责范围内的主数据进行维护和管理；企业应定期组织各数据域的主数据负责人对整个企业的主数据进行统一的梳理、更新和维护，以保证企业主数据的全面性、完整性和一致性。

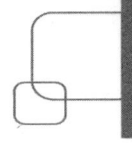

7.7　元数据

元数据是数据的基础元信息，是描述数据的数据，主要包括数据的描述信息、结构信息、管理信息、技术信息等。

通过元数据，企业可以定位、理解、管理数据的全部内容，以便可以统一、有效地管理和使用数据内容，并在此基础上创建企业的数据资产，提高数据驱动业务发展的规模和质量。

在设计概念数据模型阶段，企业在梳理企业整体数据流图和数据字典的同时，可以收集、分析、提取整体数据架构的元数据，梳理出初版的企业元数据内容。企业元数据内容收集在图 7-5 中有所体现。

1. 元数据的内容

（1）描述信息元数据。描述信息元数据主要包括数据资源的标题、关键字、描述、主题域等。

（2）结构信息元数据。结构信息元数据主要包括数据资源的类型、格式、数据的大小、阈值等。

（3）管理信息元数据。管理信息元数据主要包括数据资源的创建人、更新人、责任人、创建时间、更新时间、更新记录等。

（4）技术信息元数据。技术信息元数据主要包括物理数据库表名称、字段名称、字段长度、字段类型、字段限制信息、字段关联关系等。

2. 元数据的维护

在较早的元数据管理模式下，元数据的发现、梳理和定义需要人工

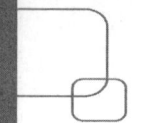

手动完成。这种方式不但耗时耗力，而且过程十分烦琐、容易出错。这使得元数据的管理维护极为困难。

如今智能化技术突飞猛进，智能化提取、整合、维护元数据的技术和功能已经出现，这必将加快促进企业数据架构中元数据的管理和持续发展。

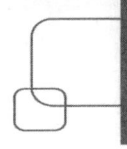

08

应用架构

在完成业务架构和数据架构的设计后，下一步需进行的任务是应用架构的设计。

业务架构是企业架构的具体目标和方向，数据架构是企业架构的信息和流量，而应用架构则是企业架构的"高速公路"。

数据在应用的高速路上快速、顺利且无阻碍、无停顿地运转，奔向业务的目标和方向，将使企业形成数字化、智能化的躯体，最终成为数字智能化的企业。

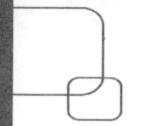

8.1 应用架构设计原则

1. 单一职责原则

单一职责原则[12]（Simple Responsibility Principle，SRP）指一个类应该只承担一项职责，只有一种原因能引起自身变化。

如果一个类承担了不止一个职责，那么应当对其进行拆分，减少导致类变换的原因。一个类只承担一项职责可以降低类的复杂度、耦合度，提升类的功能内聚和复用性。

2. 开闭原则

开闭原则[13]（Open-Closed Principle，OCP）指软件实体（类、模块、函数、接口、功能等）应该对自身扩展开放，对自身修改关闭。

当软件实体有新需求时，应尽量对其功能进行扩展以适应新需求，而不是直接对软件实体进行修改。

3. 里氏替换原则

里氏替换原则[14]（Liskov Substitution Principle，LSP）指任何能使用基类的地方也必须能使用子类进行替换。

按照里氏替换原则，当子类继承父类时不能修改父类的属性和方法，只能在父类的基础上扩展相应的属性和方法。

子类替换父类后，虽然增加了继承关系的耦合性，但如果遵守里氏替换原则，那么就可以降低父类和子类之间的耦合，保证在多态运行状态

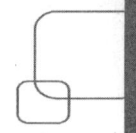

下不会产生错误或异常。

4. 依赖倒置原则

依赖倒置原则[12]（Dependence Inversion Principle，DIP）指高层模块不应该依赖于低层模块，二者都应该依赖于抽象接口，即抽象不应依赖于细节，而细节应依赖于抽象。

坚持依赖倒置原则可以减少因细节变化引起的软件调整。相对于细节，抽象接口可以兼容变化，保持抽象接口的相对稳定，从而可以减少软件实体的调整及降低软件实体之间的耦合性，提升软件实体和应用的稳定性，降低调整软件实体带来的各种风险。

5. 接口隔离原则

接口隔离原则[12]（Interface Segregation Principle，ISP）指类与类之间、接口与接口之间、类与接口之间应该使用最小的接口功能，即尽量使用多个单一功能的接口，而不是单一总接口。

按照接口隔离原则，需将单一总接口拆分成多个单一功能的接口，以弱化元素之间的依赖关系。

接口隔离原则提升了接口的内聚，降低了接口之间的耦合，从而提升了类和接口的可扩展性和可维护性。

6. 迪米特法则

迪米特法则[15]（Law of Demeter，LoD）指一个对象应该尽量减少对其关联对象的知悉程度。迪米特法则又称最少知识原则。

迪米特法则的核心思想是降低类之间的耦合，将关联的内容内聚在对象内部。

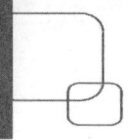

7. 合成复用原则

合成复用原则[16]（Composite Reuse Principle，CRP）指尽可能使用组合或聚合的对象组合方式替代对象继承方式。

使用组合或聚合的方式可以保持对象原有的封装，降低对象间的耦合程度，同时保持一定的对象独立性，提高对象的可维护性和可扩展性。

8.2 应用架构设计模式

8.2.1 创建型设计模式

创建型设计模式[17]（Creational Patterns）主要用于对象的创建和使用场景。创建型设计模式的核心关注点是如何更加合理地创建对象，以便更加方便地使用已创建的对象。

创建型设计模式可以将创建对象和使用对象分开，在对象的使用端创建对象时可以不关注对象的创建细节，从而降低对象之间的耦合。

创建型设计模式共有以下 5 种。

（1）工厂模式（Factory）。工厂模式定义了创建对象的接口，如何创建具体的实例化对象由继承了工厂模式接口的子类在程序运行过程中确定。

（2）抽象工厂模式（Abstract Factory）。抽象工厂模式定义了抽象接口，可以动态创建多种类型的相关对象，而且在程序运行过程中由具体的实例化对象动态指定创建的具体类。

（3）原型模式（Prototype）。原型模式是通过将某个原型对象进行完

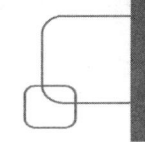

全复制，从而创建一个同样的对象。原型模式可以在不了解对象具体内容的情况下使用，使用原型对象的原型方法就可以创建一个对象，但不是一个新的对象。

（4）单例模式（Singleton）。单例模式是通过设定单例类的唯一访问入口，以及入口的实例化限制，保证单例类在任何情况下都只有一个实例化对象运行，从而保证对该类的使用都通过同一个实例化对象进行操作。

（5）创建者模式（Builder）。创建者模式是将对象的创建过程进行封装，允许在程序运行过程中调用封装好的创建方法按需、动态创建不同实例化对象。

8.2.2　结构型设计模式

结构型设计模式（Structural Patterns）是将类或者对象进行结构的组合、聚合、继承等，形成新的结构对象以满足使用需求。

结构型设计模式分为组合结构型设计模式、聚合结构型设计模式和集成结构型设计模式。

结构型设计模式共有以下 7 种。

（1）适配器模式（Adapter）。适配器模式可以在不调整代码和功能的情况下，将原本无法兼容、交互的对象转换成能够兼容、合作的对象。

（2）桥接模式（Bridge）。桥接模式可以将一个复杂对象拆分成彼此独立但存在关联关系的对象。各对象可以是抽象的，对象的实现可以在子类中完成，从而先将复杂对象抽象，实现彼此分离、相互独立的自由变化，再组合成为复杂对象。

（3）组合模式（Composite）。组合模式既可以将对象组合成部分与整

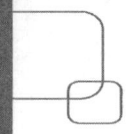

体的关系，也可以将对象组合成类似树形结构的层次组合结构。

（4）装饰模式（Decorator）。装饰模式可以在不修改对象已有内容的情况下动态为对象添加内容，即可以在程序运行时动态地增加对象的内容，而无须修改代码。

装饰模式是继承的一种良好替代模式。

（5）外观模式（Facade）。外观模式可以为一组对象或一组子系统提供统一的高层及入口，使程序或用户可以通过统一的接口按需访问所需的对象或系统。

（6）享元模式（Flyweight）。享元模式可以实现多个对象对共享对象的调用和使用，有效地支持大量细粒度对象的共享调用和使用，从而减少对象的创建开销和资源消耗，提升对象使用的效率。

（7）代理模式（Proxy）。代理模式通过创建代理对象实现对被代理对象的控制和访问。使用代理模式可以间接访问和控制不能直接使用或引用的对象。

8.2.3　行为型设计模式

行为型设计模式（Behavioral Patterns）用于程序运行过程中，动态完成类或对象之间的行为协作，从而完成单个对象无法完成的行为任务。

行为型设计模式共有以下 11 种。

（1）责任链模式（Chain of Responsibility）。责任链模式可以创建、定义一种责任传递链，保证信息的处理行为可以沿着责任链传递下去，以完成信息处理。

（2）命令模式（Command）。命令模式将命令封装成对象，以便用户

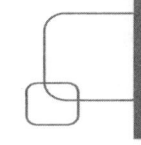

或程序可以动态调用命令对象中的各种实例化对象，从而进行不同的命令操作。

命令模式实现了调用者与执行者的解耦。

（3）解释器模式（Interpreter）。解释器模式类似一种自定义的语言解释器，可以根据语言的解释语法来解释语言的具体内容，并执行相应的操作。

（4）迭代器模式（Iterator）。迭代器模式可以实现对一个聚合对象的遍历操作，且在操作过程中不必了解聚合对象的具体内容。

（5）中介者模式（Mediator）。中介者模式通过创建一个可以处理对象间交互的对象，居中传递对象间的消息、调节对象间的操作，从而使对象间的交互变得简单，降低对象间的耦合。

（6）观察者模式（Observer）。观察者模式定义了一种一对多的依赖关系，当"一对多"中的"一"发生变化时，"多"个对象同时接收变化的消息，实现多个对象的后续更新。

（7）状态模式（State）。状态模式是在对象内部状态信息发生变化时，对象的操作也随之进行调整，即对象内部不同状态信息对应对象不同的行为操作。

（8）策略模式（Strategy）。策略模式定义了一系列策略（算法集合），策略之间可以相互替换，在程序运行时可以根据不同信息（参数、消息等）调用不同的策略。

（9）模板模式（Template）。模板模式定义了行为的模板（算法的整体结构），同时允许具体行为（算法的具体细节）在子类中定义和使用。这使得在保持算法整体结构不变的前提下，可以在程序运行过程中动态调整算法的具体细节，从而实现算法的动态变换。

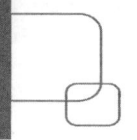

（10）访问者模式（Visitor）。访问者模式针对特定数据结构的数据（被访问者），在不改变其原有类和对象的前提下，创造新的数据行为（访问者）来读取、处理被访问者的数据。

（11）备忘录模式（Memento）。备忘录模式在不暴露对象内部结构的前提下，获取、备份对象的当前状态，以便在需要时可以将对象恢复至已备份的状态。

8.3　应用架构设计方法

利用应用架构支撑企业业务架构和数据架构，推动业务和数据的双轮驱动发展，以及业务数字化、数字业务化，是应用架构的目标和方向。

企业面临的市场环境和内部运转机制各不相同，这必将导致企业在进行数字智能化建设时面临的具体"企情"也不尽相同，企业的应用建设也存在不同的方式和路径。

本书推荐三种企业应用建设的方法，分别是价值业务分析法、价值数据分析法和整体价值分析法。

8.3.1　价值业务分析法

价值业务分析法从企业业务的角度出发，利用以企业价值链为导向而梳理出的企业业务架构内容，逐一梳理各业务域应有的业务应用建设范围，并结合已有的应用建设情况和应用对企业业务的支撑情况，确认企业数字智能化建设的后续建设内容和建设方案。

对业务正在快速发展的企业而言，快速支持企业业务的发展是企业

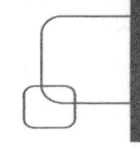

的第一要务，即紧急且重要的任务；此时企业的业务数据还没有形成规模，利用数据推进企业业务发展还为时尚早，是不紧急但重要的任务。分析和设计此类企业的应用架构建议采用价值业务分析法。

8.3.2　价值数据分析法

价值数据分析法从企业数据的角度出发，利用以企业价值链为导向而梳理出的企业数据架构内容，逐一梳理各数据域应有的数据应用建设范围，并结合已有的应用建设情况和应用对企业数据的支撑情况，确认企业数字智能化建设的后续建设内容和建设方案。

对业务范围相对较为完整、已经建设了部分应用、积累了大量业务数据的企业而言，利用业务数据推进企业业务的进一步发展，是企业发展的重要手段，即紧急且重要的任务；此时企业的应用建设已经形成规模，即便还存在一定的应用建设需求，也不是企业紧急业务建设内容，是不紧急但重要的任务。分析和设计此类企业的应用架构建议采用价值数据分析法。

8.3.3　整体价值分析法

整体价值分析法结合企业业务和企业业务数据统一分析，同时利用以企业价值链为导向而梳理出的企业业务架构内容和企业数据架构内容，梳理各业务域中所有业务单元对各数据域中所有数据表及字段的创建、使用情况。对于创建、使用同一数据域，数据较为集中且处在同一业务域的业务单元，将其规划为一个新的应用，或者调整已有的应用功能，将已有的应用规划调整为新的应用。

对处于数字智能化建设初期的企业而言，从建设初期就全面规划架

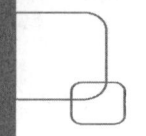

构设计方案，有效利用企业数字智能化建设初期是一张白纸的无羁绊优势、已有且成熟的数字智能化建设经验，以及成熟且已经推广使用的数字智能化技术，将是良好的企业数字智能化建设起手式，可以较为容易地实现"良好开局是成功一半"的愿望。分析和设计此类企业的应用架构建议采用整体价值分析法。

对数字智能化建设已有成效的企业而言，存在全面梳理业务建设缺失、数据利用不足的问题。实现企业整体业务、整体数据的全面应用和融合使用，以及业务数字化、数字业务化是应用架构的数字智能化目标和方向，是企业数字智能化发展的升华。分析和设计此类企业的应用架构建议采用整体价值分析法。

8.4　应用建设

1. 应用整体建设内容

根据应用架构设计方法进行分析和设计后，可以得出企业应用的整体建设内容，形成企业应用架构总体框架图。

企业应用架构总体框架示意图如图 8-1 所示。

2. 分析现有应用支持

分析现有应用及应用支撑的业务内容和数据覆盖内容，可以得出现有应用的业务和数据支撑范围。

现有系统支撑企业应用架构示意图如图 8-2 所示。

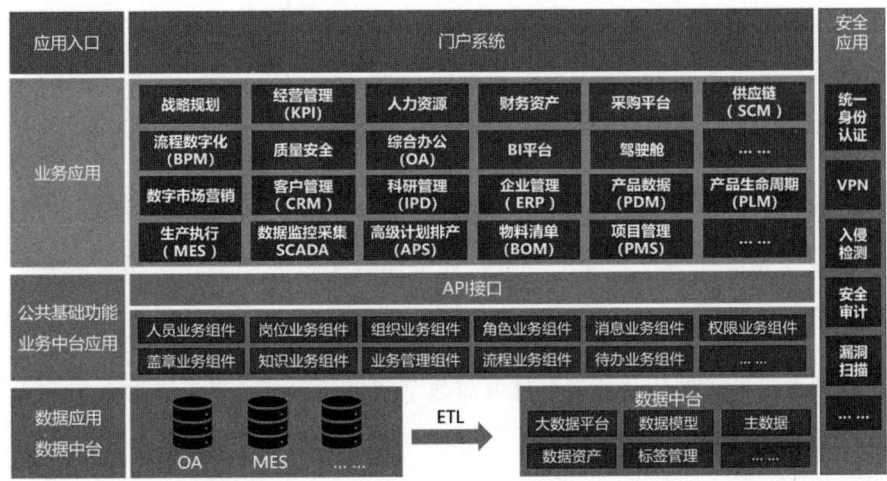

图 8-1 企业应用架构总体框架示意图

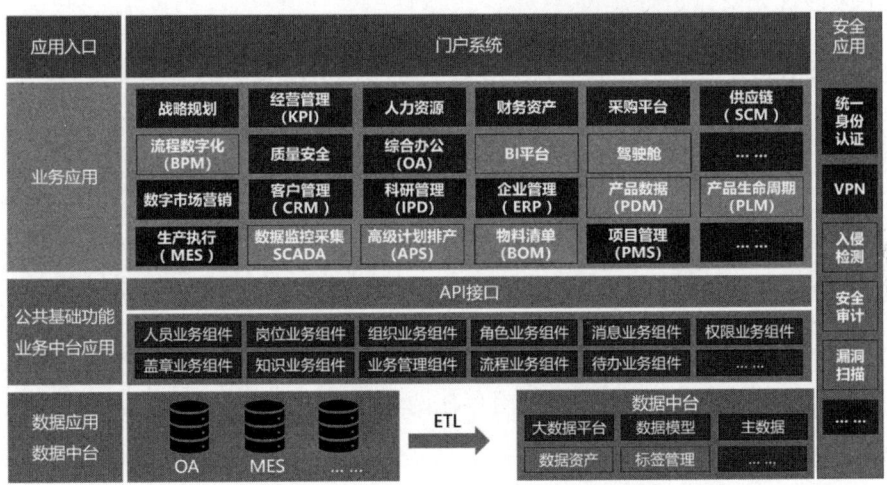

图 8-2 现有系统支撑企业应用架构示意图

图中，已有支撑的系统是实心图标，未有支撑的系统是空心图标。

3. 确认需建设的应用

以整体建设内容为底版，以现有应用的业务和数据支撑范围为参照，

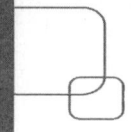

可以得出企业需建设的应用及应用需支撑的业务功能和覆盖的数据范围。

根据现有系统支撑企业应用架构的情况，梳理、确定需建设的应用。

4. 分析建设顺序

根据企业业务发展的优先级、业务需数字智能化手段支撑的紧急程度，可以将企业需进行的建设应用分为以下 4 类。

（1）业务发展优先级高，且急需数字智能化手段支撑。这种类型的应用应该尽快安排进行建设。

（2）业务发展优先级低，但急需数字智能化手段支撑。这种类型的应用应该优先安排进行建设。

（3）业务发展优先级高，但对数字智能化手段支撑的需求不紧急。这种类型的应用应该按照正常步骤进行建设。

（4）业务发展优先级低，但对数字智能化手段支撑的需求不紧急。这种类型的应用应该最后安排进行建设。

5. 应用实施

已经在日常进行建设的应用存在两种建设方式：采购成熟的应用产品、按照自身需求进行自建。

如果市场上有业务成熟度高的应用产品，且产品与企业契合度较高，那么企业可以考虑采购已有的应用产品；如果市场上没有业务成熟度高的应用产品或者产品的业务功能与企业实际情况不太契合，那么企业可以选择自研、自建应用。

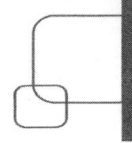

6. 应用建设评价

应用建设完成并上线使用后，企业应对应用的建设过程、使用情况等进行评价，评价内容和标准应从以下方面进行考虑。

（1）应用功能与业务功能的匹配程度。

（2）应用功能的操作流畅程度。

（3）应用界面的 UI 布局及界面风格美观程度。

（4）应用模块/子系统之间、应用模块/子系统与其他应用之间的交互联动性。

（5）应用功能的可扩展性。

（6）应用的整体安全性。

如果应用的建设成果尚有需要完善和补充支持的地方，企业应尽快完善，以使应用能紧贴企业的业务内容、支撑企业业务的快速发展。

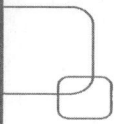

09

安全架构

9.1　基础设施安全

9.1.1　漏洞扫描

漏洞扫描（Vulnerability Scan，VS）依据现有漏洞库对目标实施扫描与识别、生成漏洞报告，并可提供修复建议，以提升目标系统的安全性。

漏洞扫描包括主机漏洞扫描、设备漏洞扫描、网络漏洞扫描、应用漏洞扫描、数据库漏洞扫描等。

9.1.2　渗透测试

渗透测试（Penetration Test）是利用已有的漏洞库，以安全可控的方式对目标进行的模拟攻击测试。渗透测试用来评估目标安全性，同时对安

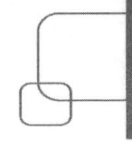

全风险和隐患予以识别、报告，以便提高目标的安全性。

渗透测试包括主机渗透测试、网络环境渗透测试、应用渗透测试等。

9.1.3 入侵检测

入侵检测（Intrusion Detection，ID）是一种对计算机基础设施及网络环境入侵进行检测的技术，可以通过监控基础设施及网络的入侵活动、异常行为、安全日志、审计日志等信息实现对入侵及异常的实时告警和阻拦，有效保障基础设施及网络的安全。

入侵检测分为主机入侵检测和网络入侵检测两种。主机入侵检测（Host ID，HID）主要监视和检测被监测主机上的活动，实时告警异常行为，并将相关内容报告给主机管理员或根据入侵防范规则采取主机保护措施。

9.1.4 主机监控审计

主机监控审计是对主机、服务器等基础设施的硬件配置、外设使用情况等使用行为和状态变化进行监控、审计与行为关联分析，同时对监控过程和审计过程进行记录，形成审计日志，从而实现主机的监控和审计功能。

主机监控审计可以提升主机、服务器等基础设施的安全水平，加强对主机、服务器等基础设施操作行为的合规性，实现安全加固的目标。

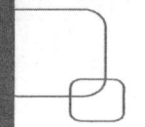

9.2 网络安全

9.2.1 下一代防火墙

下一代防火墙在传统防火墙已有的网络安全防护、访问控制、网络监控、攻击防护等功能的基础上，增强了网络边界的安全检测与防控能力，并利用大数据、人工智能等技术手段实现智能安全网关，搭建全方位的边界网络安全防护体系。

9.2.2 网络漏洞扫描

网络漏洞扫描是针对网络进行的漏洞扫描，一般情况下，网络漏洞扫描和基础设施漏洞扫描集成使用，扫描的结果包含网络漏洞和基础设施漏洞的漏洞内容、扫描日志、漏洞解决方案等。

9.2.3 网络入侵检测

网络入侵检测（Network ID，NID）主要实现对网络流量的监视和检测，实时告警异常活动，并将相关内容报告给网络管理员或根据入侵防范规则采取网络保护措施。

9.2.4 网络审计

网络审计是指针对网络流量、网络行为的审计和数据处理，可以实现流量控制、应用识别和控制、身份认证、行为记录等功能，并在此基础

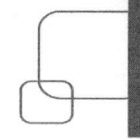

上利用大数据、智能化技术实现全面、完整的上网行为管理。

9.3　数据安全

9.3.1　数据脱敏

数据脱敏是将敏感数据进行替换或加密，从而降低数据的敏感度，在保护敏感数据安全性的前提下实现数据的交互和使用。

数据脱敏可以采用静态脱敏和动态脱敏两种方式。静态脱敏是指将敏感数据存至他处或加密存储。动态脱敏是指在使用敏感数据的过程中动态对敏感数据进行替换、加密等。

数据脱敏可以对敏感数据进行标识、添加水印等，实现对敏感数据的溯源和跟踪。

9.3.2　数据防泄露

数据防泄露通过对终端数据的扫描、分析、判断，识别敏感数据，并在此基础上对敏感数据的操作进行监测，按照定制化策略对敏感数据的非授权复制、打印、发送等行为进行分析、判断、拦截、告警等，以提升敏感数据的安全性。

数据防泄露还可以对敏感数据的泄露进行跟踪、溯源、分析，快速定位泄露源头和途径，将敏感数据的泄露影响降到最低。

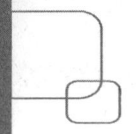

9.4 应用安全

9.4.1 应用漏洞扫描

应用漏洞扫描利用已有的应用漏洞库对应用程序代码、已发布的可运行程序进行扫描，发现、识别应用存在的漏洞和弱点，包括 SQI 注入漏洞、可执行脚本调用漏洞、钓鱼攻击漏洞、信息泄露漏洞、限制功能绕过漏洞等。应用漏洞扫描还能针对已发现的漏洞予以记录、溯源，给出漏洞解决方案，全面提升应用的整体安全性。

应用漏洞扫描一般分为 3 个阶段：应用上线前扫描、应用上线后定期扫描、漏洞库升级后及时扫描。

应用上线前可以扫描应用的漏洞和弱点，排除应用风险和隐患，保障系统稳定运行。

应用上线后定期扫描可以实时发现应用风险和隐患并及早处理，降低风险和隐患，维护系统的稳定运行。

漏洞库升级后及时扫描可以排除漏洞库已识别的漏洞，维护系统的可持续稳定运行。

9.4.2 身份认证

身份认证是通过确认应用用户的身份信息来确认用户的具体身份（用户信息），并在此基础上确认用户在应用中的角色信息、功能权限信息等。

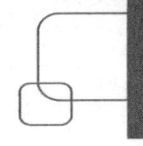

身份认证可以利用的身份信息包括用户名、密码、生理信息（指纹、面部）等。

随着企业应用的不断增多，为保证用户身份认证的完整和一致，减少应用之间使用的壁垒，应建设统一身份认证机制，在保证用户信息安全性的同时，方便用户使用应用系统。

9.4.3　访问控制

访问控制是根据用户的身份信息，对用户使用的应用功能、访问的应用数据进行控制。

访问控制的前提是应用的功能、数据有统一的访问控制策略，且访问控制策略应与具体的应用角色进行绑定，以便实现不同人基于不同的角色被授予不同的应用访问功能和应用数据的访问权限。

9.4.4　应用审计

应用审计是通过对应用用户的所有功能的操作过程、操作内容、操作结果进行记录，形成用户的操作日志，并在此基础上结合用户信息、应用的功能和数据权限信息，对操作日志进行采集、存储、备份、关联分析、处理，审查和发现用户的违规使用记录及应用的功能、数据使用风险，形成合规报表及预警。

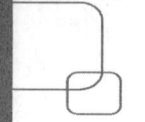

10

技术架构

制定企业的 IT 技术架构，可以通过具体的技术推动企业架构的建设，支撑业务架构、应用架构、数据架构、安全架构的协调和同步发展，同时指导具体应用数字智能化手段的建设，兼容企业业务、数据、应用的可维护性、可用性、易用性，实现企业业务、数据、应用的敏捷发展。

本书介绍的技术架构范围包括在数字智能化建设过程中涉及的前端技术域、应用技术域、数据技术域、网络与基础设施技术域、安全技术域等的相关内容。

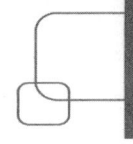

10.1　技术架构参考原则

数字化、智能化技术发展日新月异，往往新的技术应用还在方兴未艾甚至如火如荼之时，更新的技术内容已然开始崭露头角。因此，本书采用的技术架构参考原则仅是当下时间及最近时期技术发展前沿的适用技术内容。

具体的技术架构参考原则包括前后端分离、微服务架构、敏捷开发和国产化替代。

1. 前后端分离

前后端分离是指代码分为前端代码和后端代码，前端代码注重用户交互，后端代码注重响应前端代码、为前端代码提供服务。

1）前后端代码解耦

前端代码专注于前端开发，后端代码专注于后端服务的开发，前后端之间通过 restful 等类型的接口进行交互。如此一来，前后端的代码实现了解耦，使前后端代码之间可以独立演化，将代码耦合带来的影响降到最低。

2）提升应用的建设效率

通过前后端分离，前端开发人员和后端开发人员可以并行推进应用建设，加快应用的建设速度；同时，前后端代码尤其是后端服务可以最大程度地复用，取消相同功能的建设，减少类似功能的建设，最大程度提升应用的建设效率。

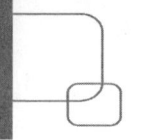

3）提升应用成果的质量

通过前后端分离，前端代码和后端代码的开发工作可以完全分开，仅通过接口进行交互，代码的问题也可以完全分开，减少代码问题的扩散及影响；同时便于代码问题的快速排查、定位及解决，整体提升应用开发、测试、集成、部署、运维的质量。

4）提升应用建设项目的成功率

通过前后端分离，可以培养和锻炼前后端工程师，提升前后端相关工作人员的素质和技术能力，从而提升应用项目的专业性和应用建设项目的成功率。

5）提升应用的可维护性

当应用需求变化时，前后端分离可以将需求的变化进行定位，分析变化对应用的具体影响。需求变化对应用的具体影响分为前端影响和后端影响，前后端分离可分别对其进行调整，减少前端影响和后端影响之间的羁绊，更好地提升应用对需求变化的应对能力。

2. 微服务架构

1）提升应用开发的灵活性

应用后端功能以微服务的形式进行开发，所有服务均可拆分进行开发、测试、部署，提升了应用开发的灵活性。

2）提升应用的可维护性

当应用需求变化时，所有应用功能的变化都可以定位到原子服务颗粒，减少应用功能调整的影响，有利于保障应用功能的维护，从而提升应用的可维护性。

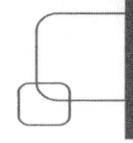

3）提升应用的可扩展性

当应用功能需要扩展时，可以针对扩展功能开发具体的后端服务。由于采用了微服务架构，所有服务之间的耦合已尽可能减少，因此新增的后端服务可以将最少的羁绊更新到应用功能中，从而提升应用的可扩展性。

4）提升应用的可用性

微服务架构较容易进行分布式部署和访问，借助负载均衡技术，应用场景可以持续拓展和优化，从而提升应用的可用性。

3. 敏捷开发

1）提升应用开发的速度

敏捷开发提倡快速响应、快速迭代，可以对应用需求进行快速的开发和成果展示，进而对成果进行逐步确认和迭代，推进开发的速度。

2）提升需求和应用成果的一致性

需求和应用成果不一致是应用建设过程中常见的问题，敏捷开发提倡小版本开发、部署和使用，从而可以及时、有效地对应用成果进行确认和优化，缩小需求和应用成果的差距，提升需求和应用成果的一致性。

3）提升对需求变化的应对能力

在应用建设过程中出现需求变化几乎是不可避免的，通过敏捷开发可以及时、快速地响应用户的需求变化，提早落实因需求变化导致的应用功能变化，降低需求变化产生的影响，提升对需求变化的应对能力。

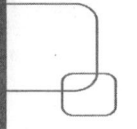

4）提升对应用建设风险的应对能力

敏捷开发有助于提前发现、暴露应用建设过程中的潜在风险，并及早、有效地提出风险的应对措施，降低风险发生的概率和影响，提升对应用建设风险的应对能力。

5）提升应用建设的质量

敏捷开发提倡小版本快速迭代，每个版本上线前都会进行详尽的测试，包括持续单元测试和集成测试、部署及应用，并在后续开发过程中持续更新功能，持续进行测试、集成及完善，使整体应用的质量得到多次检测及完善，提升应用建设的质量和整体应用的质量水平。

4. 国产化替代

国产化是当今数字产业的大趋势，是国家战略的一部分。

对外而言，国际环境复杂多变，对中国的科技制裁或制约近年来呈持续升级之势，尽早实现国产化替代是长远之计；而且知识产权保护越来越严格，早日实现国产化可以更好地保护企业的安全，促进企业合规、健康发展。

对内而言，国产化替代已经开展多年，相应的技术也在逐步完善和加强，企业进行国产化替代的条件和环境越来越友好，国产化替代也在逐渐满足企业的发展需要。

10.2 技术架构指导框架

技术架构整体示意图如图 10-1 所示。

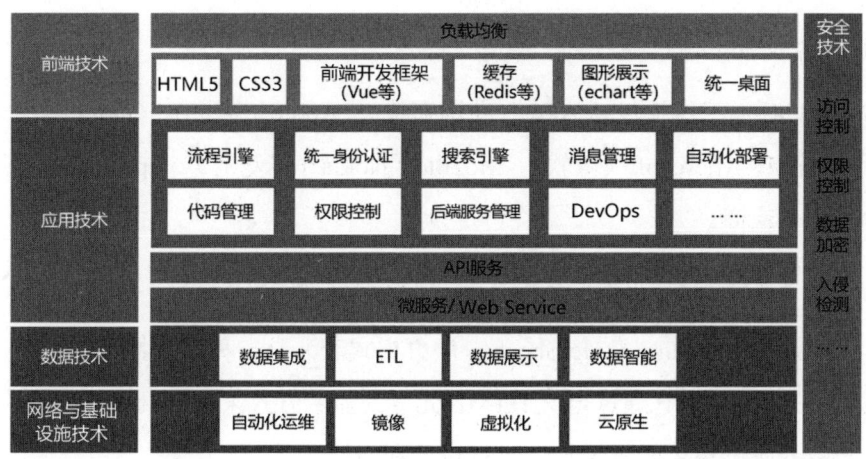

图 10-1 技术架构整体示意图

下面具体介绍详细的技术域。

10.2.1 前端技术域

1. 前端基础技术

1）HTML

HTML（Hyper Text Markup Language，超文本标记语言）是一种使用结构化 Web（万维网）网页及其内容的标记语言。使用 HTML 可以建立自己的 Web 站点。

HTML 的最新版本是 HTML 5，W3C（World Wide Web Consortium，万维网联盟）于 2008 年 1 月 22 日发布 HTML 5 工作草案，制定如何处理所有 HTML 元素及其如何从错误中恢复的精确规则。HTML 5 改进了互操作性，并降低了开发成本。

HTML 5 的新特性包括嵌入音频、视频和图形的功能，客户端数据存储，以及交互式文档。HTML5 还包含了新的元素，如<nav>、<header>、

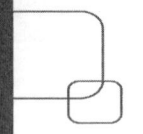

<footer>及<figure>等。

HTML 5 工作组包括 AOL（美国在线）、Apple（苹果）、Google（谷歌）、IBM、Microsoft（微软）、Mozilla、Nokia（诺基亚）、Opera 及其他数百个供应商。

2）CSS

CSS（Cascading Style Sheets，层叠样式表）是一种用于描述 HTML 文档样式的语言。它通过定义 HTML 元素的显示方式来控制网页的样式，支持针对不同设备和屏幕尺寸进行设计和布局。

CSS 目前最新的版本为 CSS3，该版本引入了一些新的特性和功能，如圆角、多层背景图、阴影、过渡与动画、变换等。

3）JavaScript

JavaScript 是一种编程语言，也是一种可以在浏览器中执行的脚本语言。通过 JavaScript 可以实现对 HTML 页面中的元素以及 CSS 属性进行交互操作，以动态增强网页交互性的方式来操作、更新网页的内容和样式。

JavaScript 由 W3C 负责管理和维护，现有的 JavaScript 是以 ECMAScript 为基础形成的。由于 JavaScript 语言本身较为复杂，且不同的浏览器对于 JavaScript 的实现也有差异，因此当下的应用鲜少直接采用 JavaScript 进行前端开发和实现，但是现有的主流前端开发框架都是以 JavaScript 为基础进行封装、优化后呈现的。

2. 前端开发框架

1）Vue

Vue 是一款用于构建用户界面的 JavaScript 框架。它基于标准

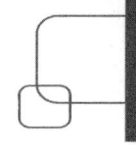

HTML、CSS 和 JavaScript 构建，并提供了一套声明式的、组件化的编程模型。无论是简单还是复杂的界面，Vue 都可以胜任。Vue 是渐进式 JavaScript 框架，简洁且易于上手，同时有丰富的可扩展性，可以让开发者快速构建用户界面。

Vue 的主要特点如下。

（1）易学易用。Vue 提供容易上手的 API（Application Programming Interface，应用程序接口）和一流的文档。

（2）性能出色。Vue 具有经过编译器优化、完全响应式的渲染系统，几乎不需要手动优化。

（3）灵活多变。Vue 具有丰富的、可渐进式集成的生态系统，可以根据应用规模在库和框架间自如切换。

Vue 有以下两个核心功能。

（1）声明式渲染。Vue 基于标准 HTML 拓展了一套模板语法，可以通过声明式描述输出 HTML 和 JavaScript 状态之间的关系。

（2）响应性。Vue 会自动跟踪 JavaScript 状态，并在其发生变化时响应式地更新 DOM（Document Object Model，文档对象模型）。

Vue.js 是一个开源的 JavaScript 框架，最新的稳定版本是 3.4.23。

2）Angular

Angular 由 Google 支持，使用 TypeScript 为主要开发语言，提供完整的开发框架，包括组件化、数据绑定、依赖注入等。

Angular 是一个基于组件的框架，用于构建可伸缩的 Web 应用。Angular 包含一组完美集成的库，并涵盖各种功能，包括路由、表单管理、

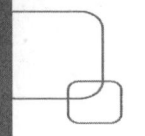

客户端-服务器通信等。Angular 既是一个应用设计框架与开发平台，旨在创建高效而精致的单页面应用；又是一套开发工具，可以开发任何规模的系统，能有效协助开发者开发、构建、测试和更新代码。

Angular 是一个开源的框架，最新版本是 16.1.0。

3）React

React 由 Facebook 维护，具有组件化、虚拟 DOM 和单向数据流的特点，适合构建复杂用户界面，在全球开发社区中极具影响力。

React 最大的特点是可以通过组件来构建用户界面，协助开发者轻松地组合由独立开发者、团队或组织编写的组件。

React 用代码和标签编写组件。React 组件是 JavaScript 函数，React 标签语法被称为 JSX。JSX 由 React 推广的 JavaScript 语法扩展。将 JSX 标签与相关的渲染逻辑放在一起，可使创建、维护和删除 React 组件变得容易。

React 可以在任何地方添加交互。React 组件接收数据并返回应该出现在屏幕上的内容。可以通过响应交互（如用户输入）向 React 组件传递新数据，React 将更新屏幕以匹配新数据；也可以不用 React 构建整个页面，而只将 React 添加到现有的 HTML 页面中，即可在任何地方呈现交互式的 React 组件。

React 使用框架进行全栈开发。React 是一个库，可以将组件放在一起，但不关注路由和数据的获取。React 也是一种架构，实现它的框架可以在服务端甚至是构建阶段使用异步组件来获取数据，也可以从文件或数据库读取数据，并将数据传递给交互式组件。

React 是一个开源的框架，最新版本是 18.2.0。

3. 图形展示

1）报表展示

报表展示技术是指对应用数据或企业数据的详细信息进行统计、动态一体化展示及导出的技术。

报表展示技术可以为用户提供自助式、动态展示、统计数据，以及附加的数据导出、导出文件格式可选等功能。

常用的报表展示技术工具包括帆软报表、润乾报表等。

（1）帆软报表。根据官网的介绍，帆软构建的统一报表中心平台蓝图如图 10-2 所示。

图 10-2　帆软构建的统一报表中心平台蓝图

（2）润乾报表。根据官网的介绍，润乾报表的系统结构如图 10-3 所示。

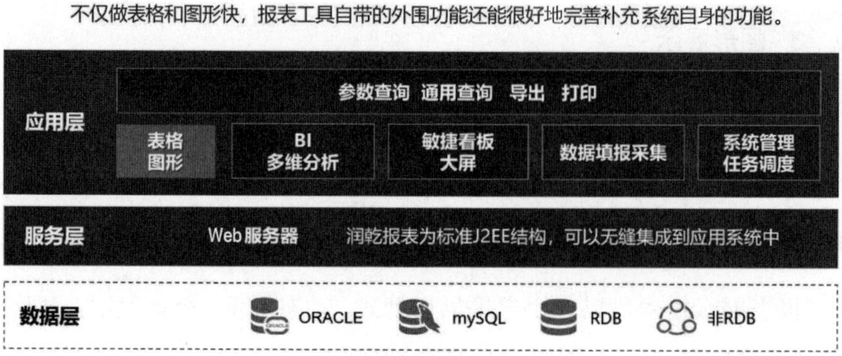

不仅做表格和图形快，报表工具自带的外围功能还能很好地完善补充系统自身的功能。

图 10-3　润乾报表的系统结构

2）可视化大屏

可视化大屏技术是指应用数据或企业数据的动态、一体化、图形展示、统计技术。

可视化大屏技术可以为用户提供图形化的动态展示、统计数据。

常用的可视化大屏技术工具包括帆软数据可视化、阿里云 Quick BI 等。

（1）帆软数据可视化。

根据官网的介绍，帆软数据可视化具有以下特点。

智能图表推荐。自动推荐合适的图表类型，降低初级用户分析数据的门槛。

酷炫的数据地图。支持点地图、热力地图、流向地图等，只需拖拽即可生成地图效果。

海量模板一键复用。自主研发 15 种图表类型，50 余种图表样式，内置 100 多种数据可视化模板。

优秀的图表渲染机制。采用强大的数据处理引擎和图表渲染机制，前端展示数据量可达百万级。

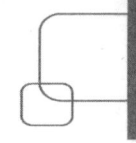

数据分析仪表盘。用户可按照多维视角将多个分析内容组合成一个仪表板或报告。

一键美化图表配色。内置多种经典主题，用户可一键美化仪表盘主题配色。

（2）阿里云 Quick BI。

Quick BI 是中国唯一入选 Gartner 魔力象限的 BI（Business Intelligence，商业智能）产品。2020 年 2 月 12 日，国际知名调研机构 Gartner 发布 2020 年《分析与商业智能平台魔力象限报告》（*Magic Quadrant for Analytics and Business Intelligence Platforms*），阿里云旗下的 Quick BI 成为首个且唯一入选该领域魔力象限权威评测的中国企业产品。

作为一款全场景数据消费的 BI 平台，Quick BI 具备智能化数据分析及可视化能力，满足用户数据准备、数据分析、数据可视化等需求。无须编写烦琐的代码，简单拖拽即可轻松实现业务数据快速分析。

10.2.2　应用技术域

1. 研发平台

1）CODING

CODING 是腾讯云旗下的一站式 DevOps（开发运维）研发管理平台，围绕 DevOps 理念向广大开发者及企业研发团队提供代码托管、项目协同、测试管理、持续集成、制品库、持续部署、云原生应用管理（Orbit 平台）、团队知识库等系列工具产品；提供 SaaS（软件即服务）模式或私有部署模式。从需求提交到产品迭代，从代码开发到软件测试、部署，整套流程均可在 CODING 完成。

基于完整的工具链，CODING 目前累计服务 300 万以上开发者用户、5 万家企业团队，可以为不同行业的客户提供成熟的研发管理数字化转型、云原生转型、研发管理规范、敏捷开发及 DevOps 等解决方案，降低企业研发工具建设成本，提高产品交付效率，实现研发效能升级。

CODING 标准版可免费使用，且不限成员数和项目数，适用于个人及小微团队。

CODING 产品功能如图 10-4 所示。

代码托管
Git/SVN 代码协作、开发

项目协同
帮助团队高效地实现项目管理与协作

持续集成
自动化测试，持续构建软件服务

测试管理
测试用例编写及计划，规范测试过程

制品库
构建制品管理、版本控制

API 文档管理
在线的 API 协作方式

持续部署
持续、可控、自动化地发布软件

Orbit 应用管理 [NEW]
云原生应用全生命周期管理工具

图 10-4　CODING 产品功能

CODING 产品的集成开发环境（Integrated Development Environment，IDE）是 Cloud Studio。Cloud Studio 是云原生开发环境，是一款在线 IDE，打开浏览器即可编写代码。

Cloud Studio 开发环境的模板如图 10-5 所示。

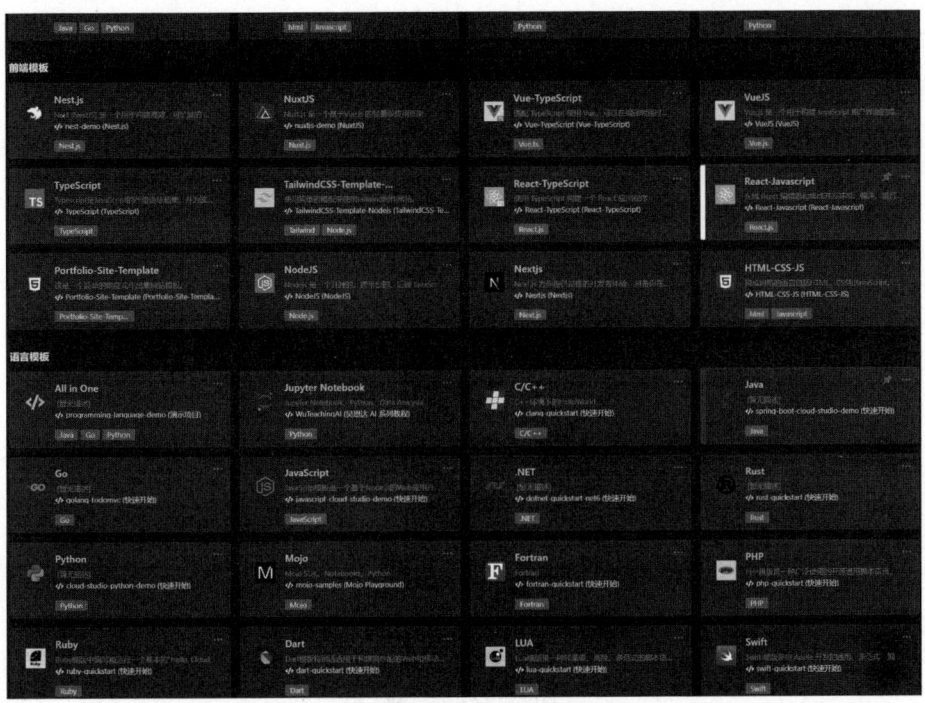

图 10-5　Cloud Studio 开发环境的模板

2）云效

云效是阿里云企业级一站式研发协同平台，支持公共云、专有云和混合云等多种部署形态，通过云原生新技术和研发新模式，助力创新创业和数字化转型企业快速实现研发敏捷和组织敏捷，打造"双敏"组织，实现多倍效能提升。

云效 DevOps 基础版可免费使用，而且不限人数，适用于小型企业或团队。云效产品矩阵如图 10-6 所示。

图 10-6 云效产品矩阵

3）Gitee

开源中国旗下的 Gitee 成立于 2008 年，是国内最大的开源社区，是我国自主代码托管与研发协作平台，支持信创、安全可控，是集更多功能于一身的国产一体化企业研发效能平台。Gitee 为 5 人以下团队提供基础、免费的 DevOps 服务。

Gitee 功能如图 10-7 所示。

图 10-7 Gitee 功能

2. 配置管理

1）CFEngine

CFEngine 是最早出现的配置管理工具之一，支持实体服务器、云服务器（私有云服务器、公共云服务器）及物联网设备，能以可视化的方式提供强大的自动化功能。

CFEngine 能够提升配置管理的安全性，最大限度地减少由于配置漂移造成的潜在漏洞，以秒级的速度快速对各种设施进行更新和更改。

CFEngine 能够确保操作的合规性，利用自动化手段持续地实施合规性策略且最大限度地减少手动干预。CFEngine 的灵活性和可定制化特点能够帮助用户快速适应不断变化的合规需求。

CFEngine 能够提升可视化水平。通过任务窗口，CFEngine 提供了单一的真实来源，可以让用户一目了然地查看最关键的设施信息。用户通过预处理和自定义报表可以了解更多内容。

CFEngine 功能结构图如图 10-8 所示。

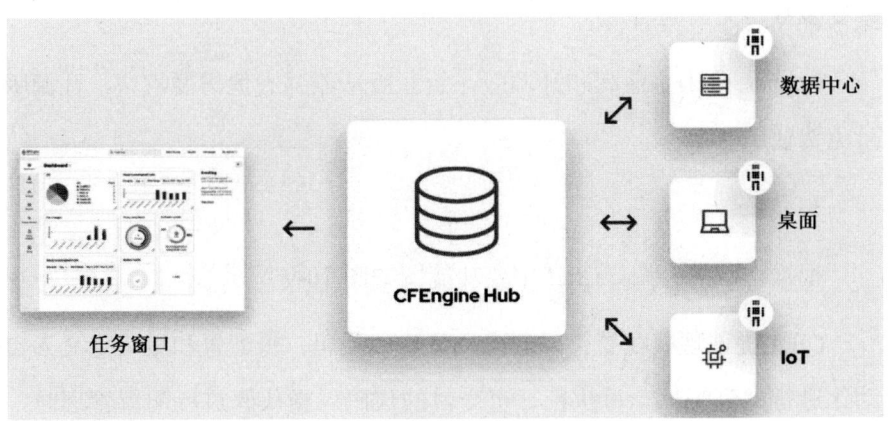

图 10-8　CFEngine 功能结构图

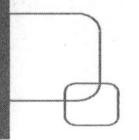

2）Puppet

Puppet 是一个开源的软件自动化配置和部署工具，它采用 Ruby 语言开发，功能强大、使用简单，但执行速度较慢。Puppet 支持 Windows、Linux、UNIX 等系统，相较 CFEngine 更加流行和被认可，很多知名公司（如 Google）都在使用 Puppet 管理 IT 设施。

Puppet 基于传统的 C/S 星型架构，使用自有的 Puppet 描述语言对 IT 基础设施的资源进行管理。

Puppet 使 IT 运营团队能够管理更多基础设施，以提升工作效率，并能自动化处理复杂的工作流程。

Puppet 强大的自动化功能、更智能的响应、更快速的部署和更少的响应时间可以更好地实现基础设施管理。

Puppet 可以有效降低风险，提升合规性。Puppet 通过实时监控和报告功能使 IT 运营团队能够发现配置漂移和合规性错误。Puppet 在部署代码之前可以跟踪每个更改的影响，同时可以通过自定义模块自动大规模修复多数常见问题。

Puppet 分为企业版和开源版，企业版功能强大但需要收费，开源版可免费使用。

3）Chef

根据官网的介绍，Chef 主要功能图如图 10-9 所示。

Chef 提倡现代配置管理理念：策略即代码。将配置和策略定义为自动化进行的可测试、可执行、可交付的代码。当代码进行配置管理时，DevSecOps（开发、安全和运维）团队的工作效率会更高，从而实现所有 IT 流程的持续自动化；确保仅在所需范围内发生系统偏离才能更改配置、自动纠正配置漂移；支持多种云端 IT 基础设施，包括 Windows、Linux 等系统。

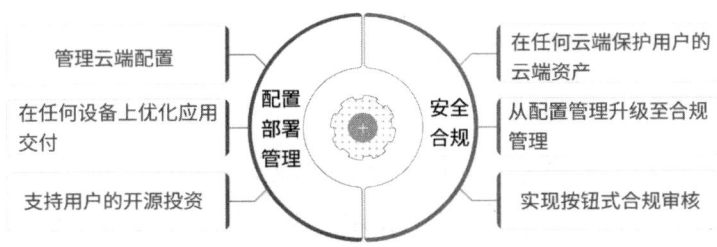

图 10-9　Chef 主要功能图

Chef 支持的应用交付是一种自动化解决方案，用户可以使用与技术无关的模块化方法来定义、打包、交付包括云环境在内的多种应用环境下的应用程序和基础设施。Chef 支持的应用交付使 DevSecOps 团队从技术和流程中解放出来，帮助他们能够在 IT 资产管理过程中实现业务价值。

基于 Chef 社区的不断发展和支持，Chef 能够不断创新，而且 Chef 所有的代码都是开放、透明的。Chef 的企业级发行版也基于相同的开源代码，由 Chef 提供支持。

Chef 是开源 IT 安全合规审计的解决方案和快速高效的合规管理自动化软件，通过持续的合规性方法优化审计，使审计变得轻松，并且该方法在整个 IT 资产领域可以及时更新。

3. 代码管理

1）GitHub

GitHub 是世界上最大的代码托管服务平台和开源社区，提供 Git 代码托管、持续集成（Actions）、制品库（Packages）、静态网站（Pages）等服务，以及 SaaS 和企业私有化部署。

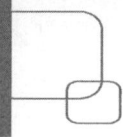
2）SVN

Apache Subversion 简称 SVN，是一个开放源代码的版本控制系统，由 Apache 基金会负责管理。

SVN 的主要功能如下。

（1）版本管理。SVN 的主体功能是版本控制，可以实现代码、文件的版本管理，包括每个版本的版本信息、版本内容、版本管理控制过程。SVN 可以实现代码、文件的自动提交、更新及冲突提示；还可以实现内容的比较、回退、回复等操作。可以说 SVN 几乎实现了版本控制的所有功能。

（2）协同。SVN 允许多个开发者同时快速、便捷地协同开发、提交、更新同一个项目的代码和文件，从而形成项目统一、整体的版本。同时，SVN 能够处理各种文件类型，不仅限于文本文件，还支持非 ASCII 文本和二进制数据。

（3）分支和合并。SVN 允许对同一个项目创建分支以实现并行、协同开发不同的功能或版本，并在此基础上对不同分支进行分支合并以形成项目统一、整体的版本。

（4）安全性。SVN 提供身份验证和权限控制机制，可以针对不同用户参与的不同项目进行访问控制和权限划分，确保数据安全、可控。

3）云效代码管理 Codeup

云效代码管理 Codeup 是基于 Git 的代码管理平台，有数十万家企业正在使用。它提供代码托管、代码评审、代码扫描、质量检测、持续集成等功能，全方位保护企业代码资产，帮助企业实现安全、稳定、高效的代码托管和研发管理。云效代码管理 Codeup 的主要功能如下。

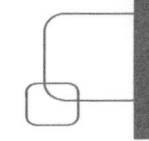

（1）全面的代码安全保障。阿里云高防保护；定时备份与代码加密；精细化多级权限管控；IP（Internet Protocol，互联网协议）白名单访问控制；风险问题事前监测、事中通知、事后审计；源码安全/代码扫描服务。

（2）稳定的 Git 代码托管。业界领先的多副本架构，让代码托管稳定、快速；源自阿里巴巴自研技术，支撑阿里百万级代码库和与数万名工程师协作；历经多次"双十一"项目实践与挑战。

（3）高效的代码评审。灵活的配置能力，支持轻松定制评审规范；内置代码检测服务和持续集成流水线，大幅降低人工审查成本；冲突智能检测和 WebIDE 解决，合并冲突不再痛苦。

（4）企业级研发协作管理。研发效能数据洞察；规范分支及提交管理；一键串联需求、任务和缺陷；无缝衔接 CI/CD（Continuous Integration/Continuous Deployment，持续集成/持续部署）。

（5）一键导入代码仓库。支持一键导入 Git、SVN 等第三方代码库，提交历史完整保留，数据迁移不再费力。

4. 测试

1）功能测试工具

（1）Apache JMeter。

Apache JMeter 开源软件是一个纯 Java 应用程序。这款产品的设计目的是加载测试功能行为和测量性能，最初用于测试 Web 应用程序，后来逐渐扩展到其他功能测试。

Apache JMeter 可用于测试静态和动态性能资源、Web 动态应用程序；还可用于模拟服务器、服务器组上的重负载，测试网络或对象的强度或者

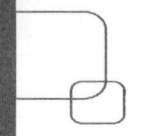

分析对象在不同负载类型下的整体性能。

Apache JMeter 能够加载和性能测试许多应用程序/服务器/协议类型，包括 Web-HTTP，HTTPS（Java、NodeJS、PHP、ASP.NET 等），SOAP / REST Web 服务，FTP，数据库（JDBC、LDAP），通过 JMS 实现面向消息的中间件（Message—Oriented Middleware、JMS），邮件- SMTP（S）、POP3（S）和 IMAP（S），原生命令或 shell 脚本，TCP，Java 对象等。

Apache JMeter 是全功能测试 IDE，允许快速测试计划记录（尤其在浏览器或本地应用程序的操作场景下），并对其进行构建和调试。

Apache JMeter 采用 CLI 模式（命令行模式/无头模式，以前称为非GUI），可以对任何 Java 兼容操作系统（Linux、Windows、Mac OS X 等）进行负载测试。

Apache JMeter 可以生成一个完整的 HTML 报告，且后续还支持生成动态 HTML 报告。

Apache JMeter 支持从常见的文本响应格式（HTML、JSON、XML 等）中提取数据。

Apache JMeter 是纯 Java 产品，具备 Java 产品的可移植性。

Apache JMeter 采用完整的多线程框架，允许多个线程并发采样，并通过不同的线程组对不同的函数进行同步采样。

Apache JMeter 支持对测试结果的混存，以及对测试结果的离线分析和回放。

Apache JMeter 具备高可扩展性，包括支持可插拔的测试样例、脚本样例，可定时插拔多个负载统计、数据分析和可视化插件，通过函数为测试提供动态输入或操作数据，通过 Maven、Gradle、Jenkins 的第三方开

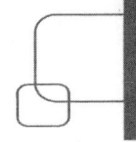

源库轻松实现持续集成。

（2）Postman。

Postman 是一款功能十分强大、操作简单灵活的接口测试工具，支持通过对网页、应用发送 HTTP 请求获取对应的响应结果，并在此基础上实现对网页、应用的调试和测试。

Postman 提供测试的前置事件功能，允许在发起测试之前进行测试工作的预处理，为测试工作提供了极大的便利。

Postman 支持的 HTTP 请求类型除了常用的 POST、GET，还有 DELETE、PUT 等；Postman 支持响应请求的直接回显，如直接展示 json 格式的返回结果；Postman 还支持接口的循环调用功能，即调用上一个接口的返回值作为下一个接口测试的输入值，实现测试工作的自动化进行。

Postman 支持集合功能，可以对多个系统的多个用例集合进行分类管理和批量测试操作。

Postman 支持日志管理，提供测试结果、问题的日志输出和打印，为测试提供必要的支持。

Postman 提供断言功能，用来管理预期结果与实际结果的判断。断言使用 JavaScript 语言编写，且 Postman 提供了常用的断言，实现对环境变量、返回内容的管理。

Postman 提供全局变量、集合变量、环境变量，加强对接口测试过程的功能支持。

（3）云效测试管理 TestHub。

云效测试管理 TestHub 是企业级测试管理平台，使用通义灵码编码助手帮用户编写单元测试。

云效测试管理 TestHub 是针对研发过程中对测试用例库的管理而提供的工具，支持用例库分组的创建、编辑、批量导入等功能，方便测试人员对用例进行标准化管理和沉淀，解决传统项目管理中测试用例重复撰写、用例信息共享不易的问题，甚至成为测试人员专属的"武器库"。

TestHub 的优势如图 10-10 所示。

图 10-10　TestHub 的优势

2）性能测试工具

（1）Apache JMeter。

参见功能测试工具部分对 Apache JMeter 的介绍。

（2）LoadRunner。

LoadRunner 功能十分强大，使用便捷，是广泛应用的性能测试工具。它能够对常见的各种应用类型进行性能、负载测试，包括 Web 应用、应用程序等。

LoadRunner 通过模拟负载场景对应用进行测试，且允许用户定制负载场景（包括用户访问并发数等），测试结果包括响应时间（最大、最小、平均值）、吞吐量、通过率、失败率、错误率等。LoadRunner 可以录制用户的交互操作并生成测试脚本，采用测试脚本进行自动化测试，并生成测

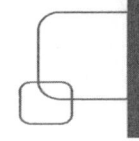

试报告，分析测试问题。

5. 制品管理

1）Maven

Maven 是 Apache 基金会官方出品的专门为 Java 项目提供软件项目管理、构建管理、依赖管理的工具。

Maven 的主要目标是帮助开发人员用最短的时间完成相关开发工作。为了实现这一目标，Maven 主要提供以下 4 个场景。

（1）简化构建过程。尽管使用 Maven 并不能消除底层机制中的所有细节内容，但它确实为开发人员减少了大量的细节工作。

（2）统一的构建系统。Maven 使用其项目对象模型（POM）和一组插件构建项目。用户一旦熟悉了 Maven 项目是如何构建的，后续将会节省大量时间。

（3）高质量的项目信息。Maven 从 POM 项目源代码中提取、生成了很多有用的项目信息。

（4）更好的开发体验。Maven 的访问优先级：优先本地仓库，其次私服仓库，最后中央仓库。

2）Nexus

Nexus 是 Sonatype 产品的一部分，Sonatype 产品致力于整个软件供应链的管理。

Nexus 支持绝大多数的常见制品格式，还支持多种仓库类型，如 Docker 仓库、Maven 仓库、npm 仓库等。

Nexus 提供免费版的制品管理产品，以及一个集中的存储库。存储库

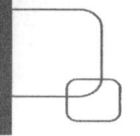

便于存储和管理软件包，实现版本控制、访问控制、构建和部署等功能，满足除高可用场景外的大部分业务场景。

Nexus 可以与 Jenkins、Ansible、Kubernetes 等工具集成，从而实现自动化的构建、部署和管理。

3）JFrog Artifactory

JFrog Artifactory 企业通用制品库支持大部分主流开发语言，是整个 DevOps 流水线中所有软件包、容器映像和 Helm 图表的单一数据源，被 Amazon、Google、Netflix、Uber、VMware、Facebook 和 Spotify 使用。JFrog Artifactory 对元数据和资产具有丰富的可见性，可以自动化用户的开发生命周期，是在当今 DevSecOps 环境中提高开发速度的完美解决方案。

JFrog Artifactory 核心能力如图 10-11 所示。

特性	描述
开发语言支持	Java/C++/Python/Javascript/Golang/Php/Docker/Scala等等
元数据管理	支持任意维度的元数据记录、检索
深度依赖管理	跨语言正反向依赖解析
开源安全管控	深度递归扫描、强大的扩展与集成能力
复制分发	多地域数据中心、边缘节点支持
高可用	同城多活、异地热备容灾、高并发能力

图 10-11　JFrog Artifactory 核心能力

JFrog Artifactory 仓库主要有 4 种类型，远程仓库、本地仓库、虚拟仓库及分发仓库，分别应用于不同的场景。

（1）远程仓库。JFrog Artifactory 远程仓库支持代理公网或内网二进制软件制品，仓库（Artifactory、Nexus、Harbor 等）按需获取后在本地进行缓存，以大幅提升构建效率。

（2）本地仓库。JFrog Artifactory 本地仓库用来存储本地构建产出的软件制品。本地仓库中的软件制品通常带有丰富的元数据，本地仓库通过基于角色的访问控制（RBAC）实现资源隔离。

（3）虚拟仓库。为满足制品管理的多团队协作需求，虚拟仓库通过打包任意数量的远程仓库和本地仓库，以暴露唯一访问入口的方式将制品提供者和消费者之间的耦合度降到最低，从而提升协作效率。

（4）分发仓库。分发仓库通过 JFrog Bintray SaaS 服务满足软件制品公网分发的需求，提供默认的全球内容分发网络（Content Delivery Network，CDN）来加速服务。

JFrog Artifactory 支持的生态系统如图 10-12 所示。

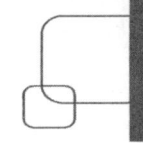

图 10-12 JFrog Artifactory 支持的生态系统

4）云效制品仓库 Packages

云效制品仓库 Packages 是阿里云旗下的产品，用于 Maven、npm 等软件包和依赖管理，并且不限容量，可免费使用。

Packages 支持多种制品类型，包括 Maven 私有仓库、npm 私有仓库、通用制品仓库等企业级私有制品仓库。

Packages 的优势如图 10-13 所示。

图 10-13　Packages 的优势

6. CI/CD

1）Jenkins

Jenkins 是一款著名的 CI/CD（持续集成/持续部署）软件，能提供多个插件来支持项目的构建、部署、自动处理。它也是一款免费的开源软件，拥有庞大且充满活力的社区资源来支撑其持续发展。

Jenkins 的主要特点如下。

（1）持续集成和持续交付。作为一个可扩展的自动化服务器，Jenkins 既可以用作简单的 CI 服务器，也可以变成任何项目的持续交付中心。

（2）可简易安装。Jenkins 是一个基于 Java 的独立程序，可以在绝大多数操作系统中立即运行，包括 Windows、Mac OS X 和其他类型的 UNIX 操作系统。

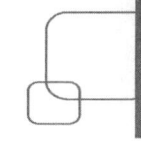

（3）配置简单。Jenkins 可以通过其网页界面轻松进行设置和配置，包括即时错误检查和内置帮助。

（4）插件。通过更新中心中的 1000 多个插件，Jenkins 集成了持续集成和持续部署工具链中几乎所有的工具。

（5）扩展。Jenkins 可以通过其插件架构进行扩展，从而为 Jenkins 提供几乎无限的可能性。

（6）分布式。Jenkins 可以轻松地在多台机器上分配工作，以便更快速地跨多个平台推动构建、测试和部署。

2）云效流水线 Flow

云效流水线 Flow 是一款企业级持续集成和持续部署工具，通过构建自动化、集成自动化、验证自动化、部署自动化，完成从开发到上线 CI/CD 的过程。通过持续向团队提供及时反馈，让交付过程高效顺畅。

云效流水线 Flow 的产品功能如图 10-14 所示。

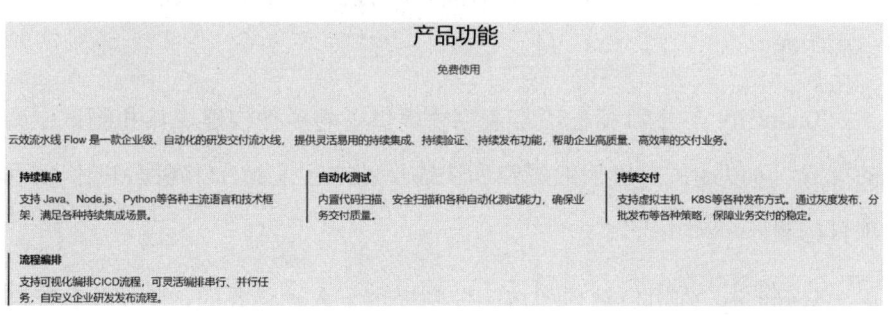

图 10-14　云效流水线 Flow 的产品功能

3）TeamCity

TeamCity 是 JetBrains 开发的一款 CI/CD 产品，依托 JetBrains 及其系列产品的强大支持，TeamCity 逐渐被广大用户认可。TeamCity 的主

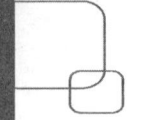

要功能（见图 10-15）强大，已经超越了 CI/CD 的常规界限。

放心地构建

TeamCity 的构建代理旨在快速、系统地验证代码变更，这种可扩缩动力功能够用于在任何平台上运行构建、执行测试、发布软件包和部署更改。

自动执行您的测试

对代码检查、静态分析、自动化测试和代码覆盖率工具的广泛支持让您能够系统地评估代码质量，快速详细的测试报告则会在需要时提供实用反馈。

与您使用的工具集成

从 VCS 和问题跟踪器到云计算和存储提供商，TeamCity 可以将 CI/CD 平台与软件开发流程的每个阶段集成。

提高 CI/CD 安全性

TeamCity 提供了一系列安全功能和工具，使开发者能够放心地构建和部署软件。从稳健的用户身份验证和授权功能到与安全版本控制系统（例如支持 SSH 或 HTTPS 身份验证的 Git）的集成，TeamCity 都能满足您的需求。

适合您的语言

您需要适合您的语言的 CI/CD 工具，而 TeamCity 将满足您的需求。借助对 .NET、Java、Python、Ruby、Go、C++、PHP、Kotlin、Objective C、Swift 和 JavaScript 的开箱即用支持，以及自动执行构建代理平台支持的任何脚本的自由，您将实现无尽可能。

简化用户管理

从基础架构的使用效率到最新构建的稳定性，以及下一个版本中包含的更改，CI 服务器可以为团队提供丰富的信息。使用 TeamCity 的细粒度访问权限，确保每个人都可以访问需要的详细信息，同时保持 CI/CD 管道安全。

图 10-15　TeamCity 的主要功能

使用 TeamCity 构建 CI/CD 管道，可以实现可扩缩性和可靠性。无论用户构建的基础架构需要什么，TeamCity 都可以提供支持。

TeamCity 可以与其他用于构建软件的技术栈集成，实现工具之间的协同工作。

TeamCity 与主流编程语言兼容并提供了与多种构建工具和测试框架的集成，可以通过有价值的洞察和快速反馈丰富 CI/CD 流程，加快实现项目构建。

TeamCity 为用户管理和访问控制提供了人性化界面，使开发者能够高效、安全地协作。

7. 项目协作

1）Jira

著名的敏捷项目管理工具 Jira 于 2002 年推出，是一款面向团队的

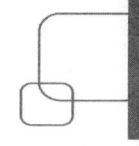

事务跟踪和项目管理工具。目前，全世界已有 30 多万家公司采用 Jira，因为它可以灵活地支持任何类型的项目，并具有可扩展性，可与数千个应用和集成协同工作。

Jira 适用于敏捷开发团队、缺陷跟踪团队、DevOps 团队、产品管理团队、项目管理团队、软件开发团队。

通过使用 Jira，用户可放心地规划、跟踪、发布和支持出色的软件。Jira 是整个开发生命周期的单一数据源，为用户提供情境信息，助力用户在与更大的业务目标保持关联的同时快速采取行动。无论是管理简单的项目，还是支持 DevOps 实践，Jira 都能帮助企业轻松推进工作、在情境中进行沟通并保持一致。

Jira 的主要功能如下。

（1）计划。协调团队、资源和交付成果，确保项目按时完成，并从初期就与用户目标保持一致。

（2）跟踪。无论用户的团队以何种方式完成工作（Scrum 板、看板或介于二者之间），Jira 都能让用户从头到尾了解情况。

（3）协作。通过对热门第三方应用、评论、智能链接和附件的实时更新，将 Jira 变为用户团队的协作中心。

（4）推出。利用共享发布日历将营销团队和软件团队联系起来，确保产品顺利发布。

（5）报告。在项目开始前、项目进行过程中及项目结束后收集有关工作的洞察信息，以确认一切都在按计划进行，并在未按计划进行时进行调整。

Jira 支持用户可能需要的任何软件开发敏捷项目管理方法。从敏捷规

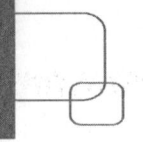

划到完全可定制的看板和 Scrum 板，Jira 为用户提供评估、报告和衡量速度所需的工具，以及专为适配企业框架而设计的工作流。

2）云效项目协作 Projex

云效项目协作 Projex 是新一代企业级项目协作工具，提供项目管理、需求管理、缺陷管理、任务管理、迭代规划等丰富的管理功能及效能数据统计，支持单项目管理、跨项目协作等协作场景，以及 Scrum、LeSS、ALPD 等不同复杂度的研发模式，助力企业实现组织敏捷。

云效项目协作 Projex 的产品功能如下。

（1）需求管理、缺陷管理。管理从提出、设计、开发、测试到发布需求的完整流程；管理从提出、修复、验证到关闭缺陷的完整流程；管理研发过程中不同角色的工作任务；支持列表、看板、甘特图等多种数据展示方式；具有灵活的筛选和排序功能，并支持保存视图和分享视图；支持工作项的工时填报。

（2）迭代规划。提供将需求规划进行迭代并完成迭代的交付；提供燃尽图以进行迭代开发进度的分析；提供迭代的数据分析以进行迭代的复盘。

（3）项目管理。提供敏捷研发、经典项目管理、缺陷管理等多种项目模板；管理项目从创建、规划、实施到交付的完整流程；管理项目里程碑、项目风险；精细化项目成员角色的权限管理。

（4）自动化工作流引擎。支持工作项状态自动流转；支持自动指派工作项的负责人；支持自动化推送通知；支持设置更多的自定义规则。

（5）研发效能度量。支持工时统计；支持需求交付效率度量；支持研发质量度量。

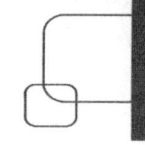

（6）个人工作台。个人任务管理；个人日历管理；个人项目、代码库快捷入口；项目进度展示；按照不同角色自定义工作台。

8. 流程引擎

1）jBPM

jBPM 是一个灵活的业务流程管理（Business Process Management，BPM）套件，具有轻量级、完全开源的（在 Apache 许可证 2.0 下分发）特点。jBPM 用 Java 编写，是在 Java 领域较早出现的 BPM 引擎。用户可以在业务流程和案例的整个生命周期中对其进行建模、执行和监视。

jBPM 侧重于可执行的业务流程，这些业务流程包含足够的细节，可以在 jBPM 引擎上实际执行。

jBPM 的核心是一个用纯 Java 编写的轻量级、可扩展的工作流引擎，它允许用户使用最新的 BPMN 2.0 规范执行业务流程。jBPM 可以在任何 Java 环境中运行（嵌入应用程序或作为服务）。

2）Activiti

Activiti 是一款著名的轻量级、以 Java 为中心的开源 BPMN（Business Process Modeling Notation，业务流程建模符号）引擎，可以在服务器、集群或云环境中运行。Activiti Cloud 是新一代的业务自动化平台，提供了一套能在分布式基础设施上运行的云原生构建块。

Activiti 是 Java 领域最好的流程引擎之一，简单易用且已经与 SpringBoot 整合。用户在 Eclipse 或 IDEA 中直接安装 Activiti 的插件 actiBPM 后可以直接使用 Activiti。

Activiti 使用标准的流程建模语言，完全支持 BPMN 2.0。但使用

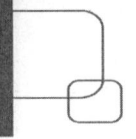

Activiti 需安装数据库，并且使用 Activiti 的标准数据库表。Activiti 支持的数据库包括 Oracle、MySQL、DB2、SQLServer 等主流数据库。

Activiti 的开发团队是从 jBPM 团队中分出来的，因此 Activiti 不仅具备 jBPM 的一些优点，还增加了新的特点，这使 Activiti 越来越流行。

3）Apache Airflow

Apache Airflow 是一个由社区创建的强大平台，以编程的方式来编写、调度和监控工作流程。

Apache Airflow 采用模块化的架构，使用消息队列来适应任意数量的流程参与者。Apache Airflow 可以无限扩展，流程使用 Python 定义，可以生成动态流程，也可以使用代码编写动态实例化流程。Apache Airflow 可以轻松定义操作符及扩展库，以适应不同抽象级别的应用环境。Apache Airflow 流程简洁而明确，使用强大的 Jinja 模板引擎将参数化内置到产品核心中。

Apache Airflow 的特点如下。

（1）纯 Python。Apache Airflow 没有较多的命令行或 XML（eXtensible Markup Language，可扩展标记语言）操作，使用标准 Python 功能创建工作流，包括既定的时间格式和循环、动态的生成任务。这使其在构建工作流时保持了充分的灵活性。

（2）UI。Apache Airflow 通过健壮的、新颖的 Web 应用程序监控、安排和管理用户的工作流程；不需要学习旧的、类似 cron 的界面；始终可以全面了解已完成和正在进行的任务的状态和日志。

（3）易用。Apache Airflow 提供了许多即插即用的操作，可以在 Google Cloud Platform、Amazon Web Services、Microsoft Azure 和其他第三方服

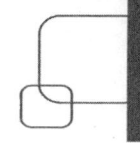

务上执行具体任务。这使其容易应用于当前的基础设施并扩展到下一代技术中。

（4）集成。任何具有 Python 知识的人都可以运用 Apache Airflow 部署工作流。Apache Airflow 不限制流程的范围，可以使用它来构建机器学习模型、传输数据、管理基础设施等。

（5）开源。Apache Airflow 有许多活跃的用户愿意分享他们的经验。

9. 容器

1）Docker

Docker 官网对自己的介绍是，加快构建、共享和运行应用程序的速度。Docker 可使开发人员无须考虑烦琐的环境配置或管理，以便在任何地方构建、共享、运行和验证应用程序。

Docker 深受开发者信赖，也是财富 100 强企业的选择。Docker 提供了一套开发工具、服务、可信内容和自动化，可以单独使用，也可以一起使用，以加速安全应用程序的交付。

（1）构建。

快速启动新环境。使用 Docker 镜像可帮助用户开发独特的应用程序，并使用 Docker Compose 创建多个容器。

与现有工具集成。Docker 可与现有开发工具一起使用，如 VS Code、CircleCI 和 GitHub。

容器化应用程序以实现一致性。Docker 可在任何环境中一致地运行，从本地 Kubernetes 到 AWS ECS、Azure ACI、Google GKE 等。

（2）共享。

使用经过验证的可信内容构建。访问 Docker Hub，可从经过验证的发布者或 Docker 官方镜像中浏览 Docker 可信内容。

与团队成员协作。从 Hub 中提取和发布图像，以便在团队成员、组织或更广泛的社区之间轻松实现共享。

保护用户的安全。Docker 能确保映像访问管理、注册表访问管理和私有存储库的最佳实践。

（3）运行。

跨平台可靠性。Docker 能确保用户的应用程序在任何环境中一致地运行，提高跨平台可靠性并消除兼容性问题。

丰富的开发经验。在支持多种语言的隔离容器中工作，能减少依赖关系之间的冲突，并享受灵活的开发体验。

轻松部署。通过使用单个命令简化部署和开发过程；节省时间和精力，同时无缝管理用户的应用程序。

（4）验证。

通过统一分析保持警惕。通过软件供应链的完整视图，在进入生产之前解决可能产生的安全问题。

通过简化的工作流程实现更多目标。用户通过 Docker 建议的补救措施更高效地开发，从而简化开发流程。

迅速采取优先行动。遵循与护栏策略一致的关键见解，在安全问题发生之前保持领先。

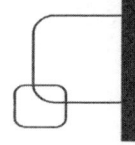

2）Kubernetes

Kubernetes 也称为 K8s，是一个开源系统，用于自动部署、扩展和管理容器化应用程序。它将组成应用程序的容器分组为逻辑单元，以便于管理和发现。Kubernetes 基于 Google 15 年的生产工作负载运行经验，同时结合了社区很多好的想法和实践。

Kubernetes 的设计原则与 Google 每周运行数十亿个容器的设计原则相同，它可以在不增加运营团队的情况下进行扩展。

无论是在本地测试还是运行全球企业，Kubernetes 的灵活性都会随着用户的增加而增强，无论用户的需求多么复杂，它都可以始终如一地轻松交付用户的应用程序。

Kubernetes 是开源的，可以让用户自由地利用本地、混合或公共云基础设施，轻松地将工作负载转移到对用户重要的地方。

Kubernetes 的特点如下。

（1）自动发布和回滚。Kubernetes 可以逐步发布应用程序及其配置的更新，同时监控应用程序的实际状况，以确保不会同时清除所有应用实例。如果发布过程出现问题，那么 Kubernetes 将回滚所有更新。这充分利用了不断发展的部署解决方案生态系统。

（2）服务发现和负载均衡。Kubernetes 可以为容器提供独立的 IP 地址，也可以为一组容器提供独立的 DNS 域名。因此，Kubernetes 不需要使用不熟悉的服务发现机制修改应用程序。

（3）存储编排。Kubernetes 自动按需挂载不同的存储系统，包括本地存储、公共云厂商及网络存储系统（如 iSCSI 或 NFS）。

（4）自我修复。当重新启动容器失败、节点故障时，Kubernetes 可替

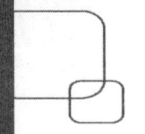

换且重新编排容器，清除不响应用户自定义的安全检查项的容器，当这些容器达到使用状态时再允许客户端调用。

（5）安全和配置管理。部署和更新安全和应用程序配置，无须重新构建映像，也无须在堆栈中暴露安全配置。

（6）自动打包。Kubernetes 根据容器的资源需求和其他约束自动部署容器，同时不牺牲可用性；将关键工作负载和最佳产出工作负载融为一体，以提高利用率且保存更多资源。

（7）批处理。除了服务，Kubernetes 可以管理批处理和 CI 工作负载。如果需要，它还可以替换失效的容器。

（8）水平扩展。Kubernetes 通过一个简单的命令、用户界面或根据 CPU 使用率自动扩展和收缩应用程序。

（9）IPv4/IPv6 双栈。Kubernetes 为容器和服务分配 IPv4 和 IPv6 地址。

（10）为可扩展性而设计。在不更改上游源代码的情况下，可向 Kubernetes 集群添加功能。

10. 运维

Ansible 是自动化运维领域首屈一指的工具，它功能强大、简单易用、扩展性强，广受运维人员的好评。运用 Ansible 是运维人员的必备技能之一。

Ansible 基于 Python 语言开发，是一个开源的 IT 自动化引擎，可以支持自动化配置、配置管理、应用程序部署，并编排其他 IT 流程。Ansible 已经被 Red Hat 收购，且可以免费使用。国内有很多类似产品，如堡垒机等，都是基于 Ansible 开发以实现自动化管理功能的。

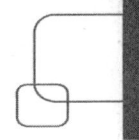

Ansible 基于 SSH（Secure Shell）协议进行通信，不需要在受控端节点部署安装软件或代理就可以同时操作多种操作系统、虚拟机、云平台，包括 Windows、VMware、Linux、Azure、AWS 等，最大程度降低了安全风险。

Ansible 的常见用例包括消除重复并简化工作流程、管理和维护系统配置、持续部署复杂软件，以及执行零停机时间滚动更新。

11. 微服务框架

1）Spring Cloud

Spring Cloud 是官方发布的 Java 框架内的微服务框架，为开发人员提供一些快速构建分布式应用的常用模式。分布式系统的一致性会产生一些标准模式，开发人员使用 Spring Cloud 可以快速建立实现这些模式的服务和应用程序。这些模式可以在任何分布式环境中正常运行，如开发人员自己的笔记本电脑、裸机数据中心和托管平台（如 Cloud Foundry）。

Spring Cloud 专注于为常见用例场景提供良好的开箱即用体验，且为其他用例场景提供良好的扩展机制。

Spring Cloud 的特点包括分布式/版本化配置、服务注册和发现、路由、服务对服务调用、负载均衡、断路器（熔断机制）、分布式消息机制、短周期微服务（任务）、消费者驱动和生产者驱动的契约测试等。

2）Spring Cloud Alibaba

Spring Cloud Alibaba 是阿里对 Spring Cloud 的升级、封装、开源。由于 Spring Cloud 搭建环境复杂、环境配置复杂，没有较好的可视化界面，往往需要一些定制开发，因此阿里对 Spring Cloud 进行了升级、封装，并且对其产品进行了开源。

Spring Cloud Alibaba 为分布式应用开发提供一站式解决方案，包括开发分布式应用程序所需的所有组件，以便开发者可以轻松使用 Spring Cloud 开发应用程序。

在使用 Spring Cloud Alibaba 时，用户只需要添加一些注释和少量配置，就可以将 Spring Cloud 应用程序连接到 Alibaba 的分布式解决方案中，并使用 Alibaba 中间件构建分布式应用系统。

Spring Cloud Alibaba 的特点如下。

（1）流量控制和服务降级。Spring Cloud Alibaba 支持 WebServlet、WebFlux、OpenFeign、RestTemplate、Dubbo 访问限流降流功能。它可以在运行时通过控制台修改限流降流规则，并支持限流降流监控。

（2）服务注册和发现。Spring Cloud Alibaba 可以注册服务，客户端可以使用 Spring 管理的组件发现服务实例，自动集成 Ribbon。

（3）分布式配置。Spring Cloud Alibaba 支持分布式系统外部化配置，并能在配置改变时自动刷新配置。

（4）RPC（Remote Procedure Call，远程过程调用）服务。Spring Cloud Alibaba 扩展 Spring Cloud 客户端的 RestTemplate 和 OpenFeign，以支持调用 Dubbo RPC 服务。

（5）事件驱动。Spring Cloud Alibaba 支持构建与共享消息传递系统连接的高度可扩展的事件驱动微服务。

（6）分布式事务处理。Spring Cloud Alibaba 支持具有高性能和易用性的分布式事务解决方案。

（7）阿里云对象存储。Spring Cloud Alibaba 支持海量、安全、低成本、高可靠的云存储服务，支持随时随地在任何应用程序中存储和访问任

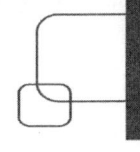

何类型的数据。

（8）阿里云服务器。Spring Cloud Alibaba 支持秒级响应的准确、高可靠、高可用的计划作业调度服务。

（9）阿里云短信。作为覆盖全球的短信服务提供商，阿里云短信具有便捷、高效、智能的通信能力，可帮助企业快速联系客户。

3）Spring Cloud Tencent

Spring Cloud Tencent 是腾讯开源的一站式微服务解决方案。

Spring Cloud Tencent 实现了 Spring Cloud 标准微服务 SPI（Service Provider Interface，服务提供者接口），开发者可以基于 Spring Cloud Tencent 快速开发 Spring Cloud 云原生分布式应用。

Spring Cloud Tencent 的核心是依托腾讯开源的一站式服务发现与治理平台 PolarisMesh，实现各种分布式微服务场景。

Spring Cloud Tencent 主要具有微服务领域常见的服务注册发现、配置中心、服务路由、服务限流、熔断保护等服务治理能力。

Spring Cloud Tencent 的功能如图 10-16 所示。

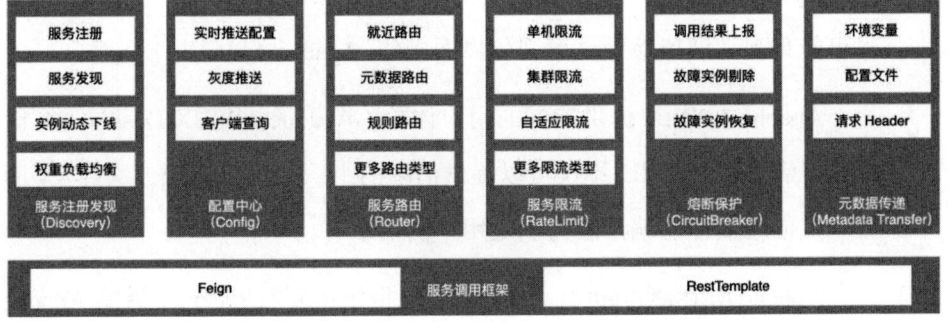

图 10-16　Spring Cloud Tencent 的功能

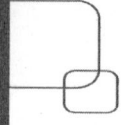

12. API 网关

1）Apache APISIX

Apache APISIX 是一个动态、实时、高性能的云原生 API 网关，具有负载均衡、动态上游、灰度发布、服务熔断、身份认证、可观测性等丰富的流量管理功能。Apache APISIX 是 Apache 软件基金会中持续迭代的开源项目。

Apache APISIX 适用于超大规模、复杂的业务系统。其作为云原生架构的开源 API 网关，可以为海量 API 和微服务提供安全可靠的动态、高性能、可扩展的管理平台。

Apache APISIX 基于 NGINX 与 etcd，相较于传统的 API 网关，具有动态路由、插件热加载等诸多功能。

Apache APISIX 值得信赖。用户只需专注在具体业务中，无须考虑 API 处理基础组件。Apache APISIX 是首个提供低代码能力的开源 API 网关，作为 Apache 软件基金会顶级项目，它为开发人员提供了强大且灵活的控制界面。

Apache APISIX 具有简单易用的 Dashboard（仪表盘），可以让用户尽可能直观、便捷地通过可视化界面操作 Apache APISIX。

Apache APISIX 提供友好的用户体验。Apache APISIX Dashboard 能极大地满足用户需求，不仅可以提供清晰的组织架构以适配二次开发，而且可以借助插件的编排能力满足用户的需求。

Apache APISIX 可进行可视化配置，拒绝重复"造轮子"。借助 Apache APISIX 内置插件，用户可以在极短时间内创建灵活、可靠、高性能的网关，无须编写代码，只需在编辑器中拖拽插件、配置条件，便可通过可视

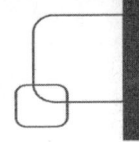

化的方式打造专属的 API 管理系统。

Apache APISIX 提供极致的性能体验。Apache APISIX 基于 Radixtree Route 和 etcd 提供路由极速匹配与配置快速同步的功能。从路由到插件，所有的设计都是为了实现极速性能和超低延迟。

Apache APISIX 可阻拦恶意程序，提升安全性。Apache APISIX 将稳定、安全放在首位，提供了多款身份认证与接口验证的插件。

Apache APISIX 具有高可用性与可扩展性，可与用户一起扩容。Apache APISIX 具备自定义插件功能，用户可以在负载均衡阶段使用自定义负载均衡算法和自定义路由算法对路由进行精细化控制。

Apache APISIX 节省选型、开发时间，只做最重要的业务设计。它具备配置热更新和插件热加载功能，在不重新启动实例的情况下可快速更新配置，从而有效节省开发时间并降低服务压力。此外，健康检查、服务熔断及其他功能可确保系统始终保持稳定、可靠。

多平台、多协议，一次创建，随处运行。Apache APISIX 提供了多平台解决方案，不但支持在裸机上运行，而且支持在 Kubernetes 中使用。它还支持从 HTTP 到 gRPC 的转换、WebSockets、Dubbo、MQTT 代理和包括 ARM64 在内的多个平台，用户无须担心供应商对基础设施技术的锁定。

2）Kong

Kong 是一款高性能开源 API 网关，是运行在 NGINX 上的 Lua 应用，可以快速加载和执行 Lua 或 Go 程序。

Kong 是一种轻量级、快速、灵活的云原生 API 网关，是可以无限扩展的 NGINX 引擎，每个节点每秒可以处理 5000 多个事务。Kong 为用户

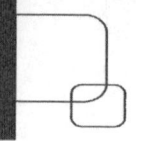

提供了跨云、平台或协议操作所需的架构灵活性。用户可以通过 API、Web 界面、声明性配置文件或本地配置文件来配置 Kong 网关，并通过 CI/CD 流程对其进行更新升级。

Kong 专为混合云和多云构建，针对微服务和分布式架构进行了优化。Kong 通过声明式配置自动化每个阶段的 API 和微服务全生命周期；轻松应用成熟的 DevOps 和 GitOps 原则，使应用程序更快地上线。

Kong 网关可以在任何环境、平台和实施模式中运行，包括 on-prem（本地部署模式）、云、Kubernetes 和 Serverless（无服务器）模式。Kong 网关配置灵活，支持数据库或非数据库，以及混合或云托管模式。

Kong 利用开箱即用的安全性、身份验证、转换和分析插件，对 API 流量进行精细控制。Kong 网关扩展方便，通过 Kong 的插件开发工具包使用自定义插件以支持特定的用户用例。

Kong Ingress Controller 可以像使用 Kubernetes 那样配置 Kong Gateway；可以在 Kubernetes 集群中实现流量管理、转换和可观察性，实现零停机。

Kong 自称是全世界被采用最多的开源 API 网关。

13. 智能应用

1）机器学习（ML）

世界主流机器学习框架主要包括 Google 的 TensorFlow、伯克利视觉和学习中心（Berkeley Vision and Learning Center，BVLC）的 Caffe、Facebook 的 PyTorch、百度的 PaddlePaddle、微软的 CNTK、亚马逊的 MXNet、华为的 MindSpore、一流科技的 OneFlow、旷视天元的 MegEngine、清华的 Jittor 等。

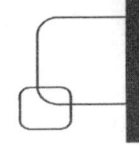

（1）TensorFlow。

TensorFlow 是 Google 公司开发的机器学习开发框架。通过 TensorFlow，初学者和专家都可以轻松创建适用于桌面、移动、Web 和云环境的机器学习模型。

TensorFlow 提供了多种数据工具，可以帮助用户大规模整合、清理和预处理数据。例如，用于初始训练和验证的标准数据集；扩容能力强的 Data Pipelines 可用于加载数据；用于常见输入转换的预处理层；验证和转换大型数据集的工具等。

利用 TensorFlow 可以构建生态系统和微调模型。TensorFlow 是基于 Core 框架构建的整个生态系统，Core 框架能够简化模型的构建、训练和导出过程。借助 Keras 等 API，TensorFlow 可支持分布式训练、快速模型迭代和轻松调试。模型分析和 TensorBoard 等工具可以帮助用户在模型的整个生命周期中跟踪开发和改进情况。

利用 TensorFlow 在设备上、浏览器中、本地或云端部署模型。TensorFlow 可提供强大的功能，以便在任何环境（包括服务器、边缘设备、浏览器、移动设备、微控制器、CPU、GPU、FPGA）中部署模型。TensorFlow Serving 可以在先进的处理器（包括 Google 的自定义张量处理单元 TPU）上以规模化、标准化的方式来运行机器学习模型。

TensorFlow 可实现适用于生产型机器学习的 MLOps。TensorFlow 平台可帮助用户实现数据自动化、模型跟踪、性能监控和模型再训练。在产品、服务或业务流程的生命周期中使生产级工具自动化和跟踪模型训练至关重要。TensorFlow eXtended（TFX） 可为完整 MLOps 部署提供软件框架和工具，并在数据和模型随时间不断演变的过程中检测问题。

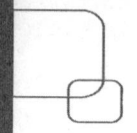

（2）Caffe。

Caffe 是由 BVLC 开发的开源深度学习框架，重视表达、速度和模块化。它是由伯克利人工智能研究室（Berkeley Artificial Intelligence Research，BAIR）和社区贡献者开发的。贾扬清在加州大学伯克利分校攻读博士学位期间创建了这个项目。Caffe 在 BSD 2-Clause 许可下发布。

Caffe 富有表现力的架构鼓励应用和创新。模型和优化通过配置定义，无须硬编码。通过设置单个标志就可以从 CPU 切换到 GPU（Graphics Processing Unit，图形处理器）上进行训练，然后可部署到商用集群或移动设备。

速度成为研究实验和行业部署 Caffe 的首选。Caffe 使用一个 NVIDIA K40 GPU 每天可以处理超过 6000 万张图像。这使本就具有 1 毫秒/图像的推理及 4 毫秒/图像的学习和更新特点的库版本和硬件变得更快。Caffe 是目前最快的 convNet（卷积神经网络）实现之一。

2）通用模型

（1）DeepSeek。

DeepSeek（深度求索）是一家专注于实现通用人工智能（AGI）的中国科技公司，成立于 2019 年，总部位于杭州，并在北京设有研发中心。

DeepSeek 开发 MoE（Mixture of Experts，混合专家模型）动态路由架构，实现千亿参数模型的高效推理，较传统的 Transformer 模型资源消耗降低了 80%。DeepSeek 自研分布式训练框架 DeepLink，支持万卡集群协同计算，在 176 B 参数模型训练中实现 92%的硬件利用率，打破了行业基准。DeepSeek 推出 DeepSeek-Vision 模型，在 MIT（麻省理工学院）图像推理基准测试中取得 87.3%的准确率，超越 GPT-4V 同期水平。

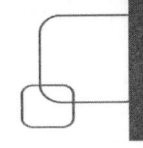

DeepSeek 开放 DeepSeek-Math-7B 模型，在 MATH 基准测试中的准确率达 51.2%，超越同规模开源模型。

当前 DeepSeek 旗下产品主要包括以下 4 类。

千亿参数 MoE 模型 DeepSeek-R1。采用动态稀疏 MoE 架构，激活参数仅 120 亿/Token，推理成本较同规模 Dense 模型降低 80%；支持 128 KB 上下文窗口，长文本理解准确率提升 37%（LooGLE 基准测试）；集成自研"思维森林"框架，复杂数学推理能力达 GPT-4 Turbo 水平（MATH 数据集准确率达 91.2%）。

多模态旗舰产品 DeepSeek-V2。视觉-语言联合建模参数量达 400 B，支持图像/视频/3D 点云多模态输入；工业场景物体检测 mAP 达 89.7（COCO 数据集），缺陷识别误检率<0.003%；视频理解突破：1 小时长视频摘要生成 ROUGE-L 分数达 72.5，超越 Gemini 1.5 Pro。

企业级平台 DeepSeek-Cloud。支持千亿模型微调，10 亿参数模型可在 1 小时内完成私有化部署；推出"知识融合引擎"，企业知识库检索命中率提升至 99.2%；内置 AI 安全防护模块，对抗提示攻击拦截率达 99.99%（通过 MLSec Level-3 认证）。

开源生态。发布 DeepSeek-Coder-33B，代码生成 HumanEval 得分 85.7，支持 138 种编程语言；开源多模态模型 DeepSeek-VL-7B，图文问答 MMLU（Massive Multitask Language Understanding，大规模多任务语言理解）分数超 LLaVA-13B；推出 ModelPruner 压缩工具，7B 模型可无损压缩至 1.8 KB，保持 97%的原有效能；发布 AutoDL 2.0 平台，支持零代码训练千亿级模型，训练成本降低 40%。

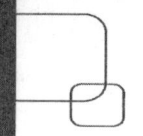

（2）OpenAI GPT。

目前 OpenAI 最新发布的产品是 GPT-4o（"o" 代表 "omni"），迈向了更自然的人机交互，它接受文本、音频、图像和视频的任何组合作为输入，并生成文本、音频和图像的任何组合。它可以在短至 232 毫秒内对音频输入做出响应，平均响应时间为 320 毫秒，这与人类在对话中的响应时间相似。它在英文文本和代码上与 GPT-4 Turbo 的性能相当，在非英文语言的文本上有显著改进，同时在 API 中速度更快，且价格便宜 50%。与现有型号相比，GPT-4o 在视觉和音频理解方面的能力尤其出色。

3）实用模型

（1）LangChain。

LangChain 是一个开源的框架，用于开发由大型语言模型（LLM）驱动的应用程序框架。LangChain 具有上下文感知能力，可将语言模型连接到上下文来源（提示指令、少量的示例、需要回应的内容等）。LangChain 具有推理能力，依赖语言模型进行推理（根据提供的上下文如何回答、采取什么行动等）。

LangChain 简化了 LLM 应用程序生命周期的每个阶段。

开发：使用 LangChain 的开源构建块和组件构建应用程序，第三方集成和模板可立即投入使用。

生产化：使用 LangSmith 来检查、监控和评估用户的链条，以便用户可以充满信心地持续优化和部署。

部署：LangServe 可将任何链转换为 API。

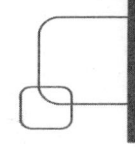

（2）AutoGPT。

AutoGPT 是一个实验性的开源应用程序，展示了 GPT-4 语言模型的能力。该程序由 GPT-4 驱动，与 LLM "思想" 连接在一起，从而自主地实现用户设置的任何目标。作为 GPT-4 完全自主运行的最早示例之一，AutoGPT 突破了人工智能的极限，将 AI 进程推向了新高度，即自主人工智能。

AutoGPT 的优势：用于搜索和信息收集的互联网接入、长期和短期内存管理、用于文本生成的 GPT-4 实例、访问热门网站和平台、使用 GPT-3.5 进行文件存储和摘要、插件可扩展性。

14. 统一身份认证

1）Authelia

Authelia 是一个开源身份认证工具，包含身份验证、授权服务器及门户网站，能通过门户网站为用户的应用程序提供多因素身份验证和单点登录（Single Sign On，SSO），具有信息安全的身份识别与访问管理（Identity and Access Management，IAM）功能。Authelia 常用于反向代理，其主要特点如下。

（1）轻量。由于 Authelia 的压缩容器包小于 20 MB，而且内存使用通常低于 30 MB，因此它是可用的最轻量级的解决方案之一。

（2）极速。Authelia 使用 Go 和 React 语言，授权策略和许多其他后端任务只需几毫秒即可完成，登录门户加载时间为 100 毫秒。这使其成为最快的解决方案之一。

（3）高效。Authelia 在使用过程中可能会消耗大量的电力，但是其空闲时的使用率基本低到无法测量，在小型企业环境中的活动使用率甚至

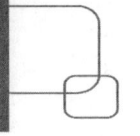

低于 1%。

（4）安全。Authelia 作为 IAM 门户，安全性是其在产品设计过程中着重考虑的一部分。

（5）登录限制。在用户被锁定之前，Authelia 只允许一定数量的登录次数，以防止暴力登录尝试。

（6）密码重置。Authelia 内置了通过发送电子邮件的方式来支持用户从网页界面重置他们 LDAP（Lightweight Directory Access Protocol，轻量目录访问协议）或内部密码。

（7）单点登录。Authelia 允许用户只通过会话 Cookie、OpenID Connect 1.0 或 Trusted Headers 登录一次即可方便地访问各种 Web 应用程序。

（8）授权策略。Authelia 通过极其精细的授权策略来控制哪些用户和组可以访问哪些特定资源或域。

（9）身份验证。未配置第二因素设备的用户需要通过电子邮件验证其身份。

（10）可扩展性。Authelia 在设计时考虑了高可用性，可以轻松地在 Kubernetes 等生命周期管理平台上部署选项，且允许多个并行容器。

（11）多因素身份验证。Authelia 支持多种第二因素方法，包括一次性密码、移动的推送和 WebAuthn。

（12）直观的用户界面。Authelia 的登录门户非常简单直接，工作流程对用户完全透明。

2）派拉

派拉是国内著名的统一身份产品供应商。派拉统一身份治理平台以

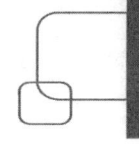

用户身份数据为中心，针对企业全场景的数字身份进行整合管理，通过构建集中用户管理中心，打通各异构系统之间的用户身份数据通道，实现用户全生命周期自动化管理、多业务系统单点登录、MFA（Multi-Factor Authentication，多因素认证）强认证、UEBA（User and Entity Behavior Analytics，用户实体行为分析）智能风险监测、细粒度权限、审计管理及自助服务，基于安全提供更高效、便捷的管理功能和业务功能。

派拉统一身份治理平台产品包括以下功能。

（1）用户全生命周期自动化管理。实现员工的自动一体化"入转调离"，无须人工操作，减少 IT 压力。

（2）单点登录，无障碍对接所有业务系统。派拉统一身份治理平台通过自研技术和所有标准认证协议（包括但不限于 OAuth、SAML、OIDC、JWT、CAS、LTPA、LDAP 等标准协议），实现业务系统无须协议改造即可成功对接。

（3）MFA 强认证。派拉统一身份治理平台具有构建平台强认证能力，支持多种认证方式随意组合，包括但不限于账号密码、动态口令、扫码、人脸等生物识别技术，以及 CA（Certificate Authority，证书授权）认证等其他认证方式。

（4）UEBA 智能风险检测。派拉统一身份治理平台可实现对用户行为的智能分析，以底层独有的安全模型算法及大数据分析平台为支撑，并融合 AI 智能技术的风险引擎，自动收集用户访问数据，进行自主模型学习，生成多级别的风险策略，时刻检测用户行为。

（5）细粒度权限。派拉统一身份治理平台支持最小化权限访问，通过构建多种权限模型（包括但不限于 ABAC、RBAC、GBAC 等模型）对企业多种权限进行分级管理，实现用户权限数据级别管控，加强对业务系统重要数据的安全防护。

（6）审计管理。派拉统一身份治理平台全方位针对用户访问、权限使用和数据管理进行审计；具备实时有效的事前预警、事中审计及事后溯源到人的集中审计功能，提供各种身份、访问、认证、权限等报表，保障企业的合规审计。

（7）自助服务。派拉统一身份治理平台提供全面的自助服务，为用户提供自主的个人信息修改、密码修改与找回、账户委托、账户权限自助申请等功能。

（8）信创适配。派拉统一身份治理平台全面适配信创生态，包括国产中间件（东方通、金蝶天燕、普元信息），国产数据库（武汉达梦、人大金仓、阿里 OceanBase、南大通用、神舟通用），国产操作系统（中标麒麟、华为欧拉、银河麒麟、龙蜥、中科红旗）等。

10.2.3　数据技术域

1. 数据库持续集成

1）Liquibase

Liquibase 是一款开源的数据库持续集成工具，允许使用包含 JDBC、Oracle、SQLServer、MySQL、DB2、Sybase 在内的多种数据库连接器操作数据库。它可以使用同一个脚本和流程操作所有可支持的数据库。

Liquibase 可以将数据库的变更以 SQL、XML、JSON 或 YAML 文件的形式予以保存，同时将数据库的更改历史存储在数据库表中。Liquibase 通过对数据库结构的变更进行跟踪，可以方便地对数据进行版本回滚或

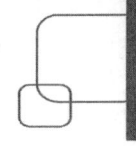

将数据迁移到特定的版本。

Liquibase 支持多人同时对数据库进行更改及合并，支持数据库在任意时间点的状态版本回滚；支持将数据库更改内容自动生成修改文档；提供 Eclipse 插件，为开发工作提供更便捷的支持。

Liquibase 提供质量检查功能，协助分析变更日志、变更记录和结构化查询语言（SQL），同时可以将质量检查功能集成到自动化开发和部署中，为自动化中的数据库更改提供质量检测；强制执行内部标准和最佳实践，以确保只有高质量、合规的更改才能被添加到项目中；实时告警用户和角色权限被修改，以更好地保护数据库；防止数据丢失和损坏。

2）Flyway

Flyway 是一个简单可靠的框架，用于版本控制和自动化数据库更改的部署，对个人开发人员或非商业项目免费。

Flyway 支持多种主流数据库平台，包括 Oracle、SQLServer、MySQL、DB2、PostgreSQL 等，可以使用同一个脚本和流程操作所有可支持的数据库。

Flyway 支持自动化批处理数据库操作，减少开发人员的接入和操作，减少在操作过程中数据库可能出现的问题。

Flyway 通过跟踪数据库结构的变更，可以方便地对数据进行版本回滚或将数据库迁移到特定的版本。

Flyway 对数据库的迁移可以用 SQL（支持 PL/SQL 和 T-SQL 等原生数据库特定语法）或 Java（用于高级数据转换或处理 LOB）编写。

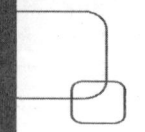

2. 大数据

大数据的框架有很多，主流且影响力最大的是 Hadoop，其他框架如 Flink 也已经与 Hadoop 集成使用。因此这里将 Hadoop 作为大数据的框架进行介绍。

1）数据源

（1）关系型数据库。

主流的关系型数据库包括 Oracle、MySQL、SQL Server、DB2、PostgreSQL、Access 等。

国产的关系型数据库主要包括武汉达梦、人大金仓、南大通用、阿里 OceanBase，阿里云 RDS、华为 GaussDB、腾讯云 TDSQL 等。

（2）非关系型数据库。

非关系型数据库（NoSQL 数据库）主要包括 MongoDB、Redis、HBase、Neo4j 等。

2）数据操作

Hadoop 体系的数据计算框架是 MapReduce，用以进行大数据量的计算。MapReduce 分为 Map 和 Reduce 两部分。

Yarn 是在 MapReduce 的基础上演变而来的，增加了可扩展性，支持多计算框架，以实现对资源的管理。

ZooKeeper 在 Hadoop 框架中用于实现分布式协调，确保分布式环境下的数据管理。

3）数据采集

（1）Sqoop。

Sqoop 的全称是 SQL-to-Hadoop，专注于传统数据库和 Hadoop 之间

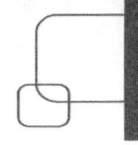

数据的传输。Sqoop 可以在关系数据库、数据仓库和 Hadoop 之间进行数据的迁移、导入和导出。

（2）Flume。

Flume 是一个分布式数据采集系统，从各种数据源收集数据并将其传输到 Hadoop 框架中的 Hive、HBase 和 HDFS 等。Flume 特别适用于日志收集和传输。

（3）Kafka。

Kafka 是一个分布式、高吞吐量的消息队列，主要用于实时数据的采集、接收和处理。

4）数据存储

（1）HDFS。

大数据的主要架构是 Hadoop，Hadoop 的文件存储技术为 Hadoop 分布式文件系统（Hadoop Distributed File System，HDFS）。

（2）HBase。

HBase 即 Hadoop Database，是一个面向列、可伸缩的分布式存储系统，具备高可靠性、高性能的特点。利用 HBase 技术可在多台普通电脑上搭建起大规模结构化存储集群。

在 Hadoop 框架中，HBase 依赖于 HDFS，HBase 操作的数据最终将存储在 HDFS 中。

（3）Hive。

Hive 是一个基于 Hadoop 的数据仓库工具。一方面，它可以将 HDFS 文件存储内容映射为数据库表结构的形式；另一方面，它提供了 SQL 查询功能，可以将 SQL 转换为 HDFS MapReduce 任务进行操作。

5）数据计算

（1）Pig。

Pig 是一个免费开源的描述性编程语言，通过 Pig 可以将 Pig Latin 语句自动转化成优化后的 MapReduce 程序执行，从而实现大规模数据分析。

（2）Spark。

Spark 是一个处理批量和流式数据的开源框架，提供了一系列的功能来支持多种数据处理和分析任务。相比 Hadoop 的 MapReduce，Spark 在内存中的运算速度是 MapReduce 的 100 倍以上，在磁盘上的运算速度是 MapReduce 的 10 倍以上。

（3）Mahout。

Mahout 是一个开源的机器学习框架，它在 Hadoop 框架中的主要作用是将 MapReduce 抽象化，以便用户可以更容易地使用它的算法。Mahout 可以在 Hadoop 集群上快速处理并行任务。

3. 数据分析

1）Tableau

Tableau 是一款强大的数据分析软件。

Tableau 兼容多种数据源，包括 Excel、各主流数据库、Hadoop 等，并能根据数据源的变动自动更新数据信息。

Tableau 有多种数据分析工具和方案，可以提供几乎所有的数据分析模式以应对不同的数据分析场景。

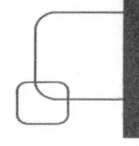

Tableau 功能强大，且操作简单，为用户提供强大分析功能的同时，使用户轻松上手操作。

Tableau 的可视化展示工具多样，且使用简单，为用户提供丰富的数据结果展示方式。

Tableau 拥有良好的集成和扩展能力，并提供了数据提取 APl。通过这些 API，Tableau 可以使用 Java、Python 甚至 C、C++程序访问和处理数据；通过 JavaScript API，用户可以把通过 Tableau 生成的数据分析报表和可视化结果集成到其他应用系统中。Tableau 通过与 R 语言脚本集成，大大提升了在数据处理和高级分析方面的能力。

2）Power BI

Power BI 是可协同工作的软件服务、应用和连接器集合，能够将无关的数据源转变为连续、沉浸式视觉体验的交互式见解。无论数据是简单的 Excel 工作簿，还是云端和本地混合数据仓库的集合，Power BI 均可连接数据源，可视化（或发现）重要信息并随意向任何人分享。

Power BI 的操作简单快捷，能够基于 Excel 工作簿或本地数据库创建快速见解。此外，Power BI 非常坚固并且达到了企业级别，可用于广泛的建模、实时分析及自定义开发。因此，Power BI 不仅可用作个人报表和可视化工具，还可用作团队项目、部门甚至整个企业的分析和决策引擎。

Power BI 的关键优点在于能够包含很多数据源，如 Salesforce、嵌入网页的表、Microsoft Access、Excel、SQL 数据库、Mailchimp 和 Dataverse。

Power BI 是一个自助服务平台，可帮助用户与预生成的数据集和报表交互并创建自己的可视化功能。

Power BI 的基本组件如下。

（1）数据集。来自一个或多个数据源的数据集，这些数据源经过了清理、转换和建模。

（2）可视化。数据的可视化呈现方式，如图表或颜色编码映射。Power BI 具有很多可视化类型。

（3）报表。一个或多个页面的可视化集合。

（4）仪表板。可与其他人共享的单个页面上的视觉对象集合。仪表板可嵌入 Power Apps。

（5）图块。仪表板上的单个可视化项。图块可以嵌入 Power Apps。

（6）应用。可共享的报表和仪表板集合。

Power BI 提供一系列现成的可视化选项，可直接从可视化窗格中使用。用户在选择要在可视化项目中显示的字段时，可以先试一试不同的可视化类型，以找到最适合用户需求的类型。

常见的 Power BI 可视化类型如下。

（1）条形图和柱状图。以堆积或集群格式显示不同类别的特定数据的各种可视化条形图和柱状图。

（2）表。在一系列符合逻辑的行和列中显示相关数据的网格。

（3）折线图和面积图。帮助呈现数据在一段时间内的变化趋势。

（4）饼状图和环圈图。将数据拆分为多个部分。

（5）树图。将数据显示为一组嵌套矩形。带颜色的矩形（树枝）包含更小的矩形（叶），以表示层次结构中的每个级别。

（6）瀑布图。随着数值的增减，显示流动的总计值，这样有助于显示

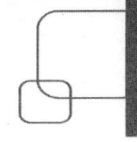

一系列正负变化。

（7）散点图。适用于在不考虑时间的情况下对比大量数据点。用户可添加一个播放轴，以动画的形式显示数据随时间的变化。

（8）地图。以气泡的形式显示数据的地理图形。

（9）卡片。单个数据点。

（10）仪表。显示单个值的圆形弧线，用于衡量目标或对象的进展。

（11）分析图。帮助用户跟踪特定目标在一段时间内的进度。

Power BI 会应用一组复杂算法来发现可能有趣的趋势和模式，继而生成用户可使用的视觉对象。

10.2.4　网络与基础设施技术域

1. 本地设施

1）芯片

国产化芯片主要包括鲲鹏、飞腾、海光、兆芯、龙芯、申威等。其中，海光、兆芯为 X86 架构芯片，鲲鹏、飞腾为 ARM 架构芯片，龙芯、申威为自主架构芯片。

2）存储

国产存储的主要厂商包括华为、浪潮、新华三、长江存储、紫光集团、兆易创新、长鑫存储等。

3）服务器

国产服务器主要包括浪潮、华为、新华三、中科曙光、联想、中兴通讯、中国长城、神州数码等。

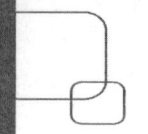

4）操作系统

国产操作系统主要是基于 Linux 内核的操作系统。

Linux 操作系统有不同的版本，基于 Linux 内核的国产操作系统大部分是在 Ubantu、CentOS 等版本的基础上发展形成的。

基于 Linux 内核的国产操作系统主要包括鸿蒙、麒麟 OS（中标麒麟、银河麒麟）、深度（deepin）、统信 UOS、中科方德、红旗、普华软件、中兴新支点、凝思等。

麒麟 OS 是国产操作系统龙头。中标麒麟包含桌面及服务器操作系统"中标麒麟"、移动终端操作系统"中标凌巧"。中标麒麟操作系统连续保持中国 Linux 市场占有率第一。中标麒麟、银河麒麟在党政、国防办公等领域占有绝对领先地位。

深度是受欢迎的民用国产操作系统，也是排名最高的中国 Linux 操作系统，位于国际开源操作系统前十名。

2. 中间件

国产中间件的主要厂商有东方通、金蝶天燕、宝兰德、华宇软件、普元信息等。其中，东方通是国内占有率最高的国产厂商。

3. 云平台

1）阿里云

阿里云是国内强大的云平台，集成了大多数与云产品相关的工具，几乎可以满足用户所有的技术设施使用需求。其主要特点如下。

（1）引领市场。自 2009 年创立之初，阿里云就提出"云计算，让计算成为公共服务"，并坚持通过云的弹性和自服务能力支持企业敏捷创新。

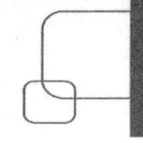

当前阿里云服务全球 500 万用户，包括 38%（190 家）世界 500 强企业，80%中国科技企业，65%专精特新"小巨人"企业。目前，阿里云服务的开发者达 1000 万。

（2）技术先进。飞天是阿里云自主研发的云计算操作系统，编排调度百万级服务器，单集群调度规模超十万台，具备 EB 级数据存储能力，并通过 CIPU（Cloud Infrastructure Processing Unit，云基础设施处理器）率先实现虚拟化"0"损耗，提供业界先进的计算性能，既满足用户严苛的业务要求，又为用户提供高性价比服务。

（3）稳定可靠。阿里云为全球 30 个地域、89 个可用区的用户提供稳定可信赖的产品技术。弹性计算单实例可用性 SLA（Service Level Agreement，服务等级协议）高达 99.975%，数据存储设计可靠性高达 12 个 9（99.999999999%），为用户带来稳如磐石的体验。

（4）安全合规。阿里云是亚太合规资质俱全的云服务商之一，从基础设施安全、内核平台安全、系统服务安全、云安全产品 4 个层面保障千行百业用户的业务安全在线。阿里云拥有权威认可的原生安全能力，根据 2021 年的 Gartner 报告，其安全能力在全球位居前列。

2）华为云

华为云是国内著名的云平台，提供了计算、存储、网络、数据库、人工智能、大数据、应用中间件、安全与合规、视频等多种类型的工具集合。

4. 虚拟化

1）VMware vSphere

VMware vSphere 是被广泛使用的虚拟化平台，自称是适用于传统和下一代应用的企业云计算引擎，其主要特点如下。

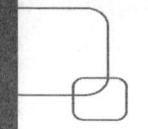
（1）提高运作效率。提高 IT 工作效率并降低运营费用。

（2）提升网络性能。支持更大的 AI 工作负载并优化 GPU 资源的性能。

（3）加速 DevOps 创新。通过 DevOps 服务实现虚拟机和容器的自助配置。

VMware vSphere 的主要功能如下。

（1）生命周期管理。使用 VMware vSphere 配置文件可以在群集级别轻松管理主机配置；有效检测和解决 vCenter 实例的配置漂移。

（2）Tanzu Kubernetes Grid（TKG）集成。直接在 VMware vSphere 上运行 TKG 服务，简化了 Kubernetes 本地部署的操作。

（3）减少升级过程中的计划停机时间。以最小的中断时间升级 VMware vCenter 实例。

（4）增强大型 AI/ML 工作负载的性能。通过支持每个虚拟机上多达 16 个 vGPU、32 个设备，以及 NVLink 和 NVSwitch 技术的部署，增强大型 AI/ML 工作负载的性能。

（5）最大限度地提高 GPU 资源的投资回报率（Return On Investment，ROI）。通过 GPU-aware 间的不同工作负载和负载平衡，更有效地共享 GPU 资源。

（6）VMware vSphere 绿色解决方案。跟踪主机和虚拟机级别的功耗，发现优化费用的机会，为用户组织的可持续发展作出贡献。

（7）改善基础设施健康状况。最大限度地提高可视性，以保持工作负载的最佳性能。

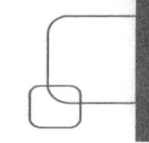

（8）DevOps 自助服务。为 DevOps 和开发团队提供对基础设施资源的自助访问，以缩短产品完成时间。

（9）运行当下常见的应用程序。在统一平台上使用容器和虚拟机，构建和运行当下常见的应用程序，以简化管理操作。

2）Hyper-V

Hyper-V 是 Microsoft 的硬件虚拟化产品。Hyper-V 支持 Windows 操作系统和 Linux 操作系统。

用于创建并运行计算机的软件称为虚拟机。每个虚拟机都像一台完整的计算机一样运行操作系统和程序。如果需要计算资源，那么虚拟机可提供更大的灵活性，并节省时间和金钱。与在物理硬件上运行操作系统相比，虚拟机可以更高效地使用硬件。

Hyper-V 在自己的隔离空间中运行每个虚拟机，这意味着可以在同一硬件上同时运行多个虚拟机，从而避免出现其中一个虚拟机崩溃影响其他虚拟机工作负载等问题，或者为不同的人员、组织或服务提供对不同系统的访问权限。

Hyper-V 的主要功能如下。

（1）计算环境。Hyper-V 虚拟机包含与物理计算机相同的基本部件，如内存、处理器、存储和网络。这些部件都有功能和选项，用户可以通过不同的方式进行配置以满足不同的需求。存储和网络因配置方式的多样性而被划分为不同的类别。

（2）灾难恢复和备份。对于灾难恢复，Hyper-V 副本会创建虚拟机的副本，这些副本将被存储在另一个物理位置，以便用户可以从副本中还原虚拟机。对于备份，Hyper-V 提供两种类型。一种使用保存的状态；另一

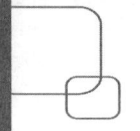

种使用卷影复制服务（VSS），这样用户可以为支持 VSS 的程序创建与应用程序一致的备份。

（3）优化。每个支持的来宾操作系统都有一组自定义的服务和驱动程序（称为集成服务），以便让用户可以更轻松地在 Hyper-V 虚拟机中使用操作系统。

（4）可移植性。实时迁移、存储迁移和导入/导出等功能让用户可以更轻松地移动或分发虚拟机。

（5）远程连接。Hyper-V 包括虚拟机连接，这是一种用于 Windows 和 Linux 的远程连接工具。与远程桌面不同，此工具提供控制台访问权限，因此即使操作系统尚未启动，也可以查看来宾操作系统中的情况。

（6）安全性。安全启动和受防护的虚拟机有助于防止恶意软件的入侵和对虚拟机及其数据未经授权的访问。

10.2.5 安全技术域

1. 基础设施安全

1）Lynis

Lynis 是一款久经测试的安全工具，适用于运行 Linux、macOS 或基于 UNIX 操作系统的系统。它可以对用户的系统进行广泛的扫描，以支持系统强化和合规性测试。Lynis 是开源软件，具有通用公共许可证（General Public License，GPL），从 2007 年开始使用。

Lynis 的典型功能包括安全审计、合规性测试（如 PCI、HIPAA、SOX）、渗透测试、漏洞检测、系统加固等。

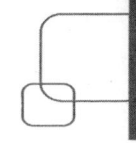

Lynis 的主要应用场景如下。

（1）开发人员：测试 Docker 镜像，升级、硬化已部署的 Web 应用程序。

（2）系统管理员：每天运行扫描以发现新的漏洞。

（3）IT 审计员：收集并向同事或用户展示提高安全性的具体措施。

（4）渗透测试人员：发现用户系统上可能导致系统受损的安全漏洞。

Lynis 可以在几乎所有基于 UNIX 的系统和版本上运行，包括 AIX、FreeBSD、HP-UX、Linux、macOS、NetBSD、Nixos、OpenBSD、Solaris。

2）Nessus

Nessus 自认为是全球第一的漏洞扫描解决方案。其主要功能包括 IT 漏洞评估，配置、合规性和安全审计，可配置报告，Web 应用程序扫描，外部攻击扫描，云基础架构扫描，预设扫描策略。

2. 网络安全

1）Nessus

参见基础设施安全部分 Nessus 的介绍。

2）Snort

Snort 是思科公司的一款基于网络入侵的检测产品，是重要的开源入侵防御系统（IPS）。Snort IPS 使用一系列规则界定恶意网络活动，并使用这些规则查找与之匹配的数据包，为用户发送警报。

Snort 可以在线部署来阻止恶意活动数据包。Snort 有三个主要用途：作为一个包嗅探器，如 tcpdump；作为一个包记录器，可以进行有用的网

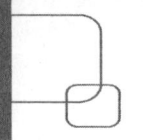

络流量调试；作为一个成熟的网络入侵防御系统。Snort 可以下载并配置为个人和商业用途。

Snort 有两种版本：社区版和订阅版。其中，社区版可以免费下载使用。

3）OSSEC

OSSEC 开源主机入侵检测系统（HIDS）是一款开源的基于主机的入侵检测系统。

OSSEC 是完全开源和免费的。用户可以通过其广泛的配置选项来定制 OSSEC 相关功能以满足用户的安全需求，也可以添加自定义报警规则、编写脚本，以便在报警发生时触发执行脚本功能。

OSSEC 支持多平台扩展。OSSEC 提供了全面的基于主机的入侵检测和保护，支持跨多个平台工作，包括 Linux、Solaris、AIX、HP-UX、BSD、Windows、Mac 和 VMware ESX。

OSSEC 可满足用户特定的合规性要求，如 NIST 和 PCI DSS。OSSEC 可以检测不合规的行为，如未经授权的文件系统修改操作和恶意行为，并在检测到相关操作后自动发送警告。

基于开源的检测和响应系统。OSSEC 增加了数千条增强的 OSSEC 规则、文件完整性监控（FIM）、频繁更新和软件集成、内置主动响应、图形用户界面（GUI）、合规工具和专家专业支持。OSSEC 是集多功能的可拓展威胁检测与响应（eXtended Detection and Response，XDR）和合规性于一身的安全解决方案。

OSSEC+为基本 OSSEC 版本提供了额外的功能，如机器学习系统，并且仍然可以免费使用。

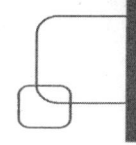

4）OpenVPN

OpenVPN 是一款开源的 VPN 工具，采用了 OpenSSL 加密库及 SSLv3/TLSv1 协议，可以提供基于 SSL/TLS 协议的安全 VPN 连接。

OpenVPN 支持多种操作系统和平台，包括 Linux、MacOS 与 Windows。

OpenVPN 包含社区版（Community Edition）和商业版（Access Server）。社区版完全免费，商业版提供连接工具界面。

5）深信服 SSL VPN

深信服 SSL VPN 连续 15 年占据 IDC（国际数据公司）中国虚拟专用网市场份额第一，凭借"丰富的 BYOD（Bring Your Own Device，自带设备）实践经验"和"一站式的解决方案"创造安全的企业 BYOD 移动办公空间。

深信服 SSL VPN 是国家 SSL VPN 技术标准的核心制定者，2005 年推出 IPSec/SSL 二合一 VPN。

深信服 SSL VPN 的功能如下。

（1）加密算法有效性。深信服 SSL VPN 根据不同业务的安全级别，提供 AES、3DES、RSA、RC4、MD5 或国密 SM1、SM2、SM3、SM4 等加密算法，保障数据的安全性。

（2）提升黑客仿冒身份成本。深信服 SSL VPN 提供 8 种身份认证方式，用户可以根据业务需求，采用 3 种以上的组合身份认证方式，如用户名/密码+终端特征码+短信验证码认证等。

（3）防止黑客控制终端。深信服 SSL VPN 提供 PC（Personal Computer，个人计算机）端安全检查机制，若 PC 不符合安全规定则禁止

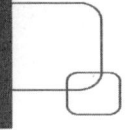

其接入企业网络；提供企业移动管理解决方案，检查终端的安全状态，并根据判定的结果对移动终端进行远程锁定或数据擦除。

（4）行为记录、展示及回溯。深信服 SSL VPN 详细记录接入用户的访问行为，确保用户的访问过程可追溯。

（5）访问权限更小。深信服 SSL VPN 提供基于 URL 授权的细粒度访问权限控制，让用户只能访问同一台 Web 服务器上的有限页面，防止非法接入用户找到 SQL 注入漏洞页面；同时提供主从账号绑定功能，将 SSL VPN 与业务系统的账号绑定，防止内部用户越权访问。

深信服 SSL VPN 的技术优势如下。

（1）安全。端到端的安全防护体系，深信服 SSL VPN 拥有多项加密技术，多种认证方式、主从绑定等特色功能，以保证用户身份安全、终端/数据安全、传输安全、应用权限安全和审计安全。

（2）易用。深信服 SSL VPN 全面支持 Windows、MAC、Linux 等主流操作系统及主流浏览器接入，同时具有虚拟门户、应用单点登录等功能，将系统部署和管理化繁为简，管理容易，使用方便。

（3）全面。深信服 SSL VPN 提供丰富的移动端解决方案来实现业务移动化；安全加固 EasyApp 自动集成 VPN 模块，实现数据加密。

（4）快速。多项专利技术支撑，从链路、传输、数据到应用，层层优化，大幅提升访问速度，给每个接入用户带来不同以往的畅快体验。

3. 应用安全

1）ZAP

ZAP（Zed Attack Proxy）是世界上使用广泛的 Web 应用程序扫描工

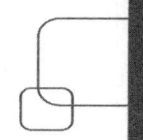

具。ZAP 免费开放源代码，并由专门的国际志愿者团队积极维护，是 GitHub Top 1000 的项目。

ZAP 可以实现自动化操作，其 UI 界面简洁易用，对用户很友好。

ZAP 可以通过代理地址进行漏洞扫描，也可以通过 API 进行地址扫描。

ZAP 具备不错的扩展能力，通过与其他工具、系统的集成，增强相应的漏洞扫描、渗透测试等功能。

2）AppScan

AppScan 是一款强大的应用漏洞检测工具，主要用于对 Web 应用程序和移动应用程序的安全性评估。它具备丰富的功能和灵活的配置选项，帮助用户发现和修复应用程序中的安全漏洞和脆弱性，从而提高应用程序的安全性和可靠性。下面对 AppScan 的功能进行介绍，并阐述如何使用 AppScan 进行安全性检测。

AppScan 是一款全面的安全检测工具，它的主要功能如下。

（1）主动和被动扫描。AppScan 支持主动和被动扫描技术。在主动扫描模式下，AppScan 会模拟攻击者的行为，发送恶意请求和攻击载荷，以发现已知的 Web 漏洞，如跨站点脚本（XSS）、SQL 注入、跨站请求伪造（CSRF）等。在被动扫描模式下，AppScan 会监听应用程序的通信和交互过程，分析数据流和响应，寻找潜在的安全漏洞和问题。

（2）支持 Web 应用程序和移动应用程序扫描。AppScan 既适用于 Web 应用程序的扫描，也支持移动应用程序的安全性评估。对于 Web 应用程序，AppScan 能够自动发现和评估常见的 Web 漏洞，如 XSS、SQL 注入、敏感信息泄露等。对于移动应用程序，AppScan 能够分析应用的二进制代

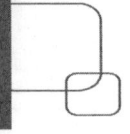

码，发现应用中的漏洞和安全问题。

（3）渗透测试支持。AppScan 提供渗透测试支持，这意味着它不仅仅是一个漏洞扫描工具，还可以通过模拟真实攻击的方式进行测试。渗透测试能够发现一些主动扫描难以察觉的漏洞，对复杂的漏洞和业务逻辑问题有着更深入的测试能力。

AppScan 的使用方法相对简单，但要发挥其强大的功能，需要进行合理配置和操作。AppScan 的使用方法如下。

（1）配置扫描目标。在扫描之前需要配置扫描目标。对于 Web 应用程序，需要指定目标 URL（Uniform Resource Locator，统一资源定位符）或 IP 地址。对于移动应用程序，需要导入应用的安装包或二进制文件。此外，AppScan 还可以设置扫描的深度和范围，以及排除不需要扫描的部分。

（2）选择扫描类型和设置。根据需要，AppScan 可以选择适当的扫描类型，如主动扫描或被动扫描。此外，AppScan 还支持渗透测试和静态代码分析，并能根据具体情况选择是否进行这些测试。

（3）启动扫描。配置完成后，启动扫描。AppScan 会自动扫描目标应用程序，并发送恶意请求和攻击载荷，以发现潜在的安全漏洞和问题。扫描过程可能需要一定时间，具体时间取决于目标应用程序的规模和复杂性。

（4）分析扫描结果。扫描完成后，AppScan 会生成详细的报告，列出发现的漏洞和安全问题。用户需要仔细分析报告，了解漏洞的类型和严重程度，优先处理高危漏洞，并逐步处理其他漏洞。

在进行 Web 应用程序和移动应用程序的安全测试后，AppScan 会生成详尽的扫描结果报告。这份报告包含了应用程序可能存在的安全问题，以及相关的修复建议。

（1）查看漏洞等级和类型。在 AppScan 扫描结果报告中，需要查看每个漏洞的等级和类型。AppScan 会为每个漏洞分配一个等级，如高、中、低或信息性漏洞。高危漏洞通常是最紧急需要解决的问题，而信息性漏洞则是一些不太紧急的问题，不会直接产生安全威胁。此外，还需要注意漏洞的类型有 XSS、SQL 注入、CSRF 等，这有助于了解漏洞的具体风险和影响。

（2）了解漏洞描述和影响。在分析 AppScan 扫描结果时，需要仔细阅读每个漏洞的描述和影响。AppScan 会提供漏洞的详细描述，包括漏洞产生的原因、攻击方式及可能导致的后果。了解漏洞的影响可以帮助开发人员确定漏洞的严重程度，从而优先处理高危漏洞。

（3）分析漏洞产生的原因。除了了解漏洞的影响，还需要分析漏洞产生的原因。AppScan 通常会在报告中提供漏洞产生的具体原因，如未经过滤的用户输入、不安全的代码编写等。了解漏洞产生的原因可以帮助开发人员更好地定位和修复漏洞，防止类似的问题再次出现。

（4）提供解决方案和建议。在 AppScan 扫描结果报告中，通常会为每个漏洞提供相应的解决方案和建议。这些解决方案可能包括修复代码、更新组件、添加安全过滤器等。开发团队可根据 AppScan 提供的建议，逐步修复漏洞并提升应用程序的安全性。

（5）验证修复效果。在修复漏洞后应进行验证测试，以确保漏洞被正确修复。重新运行 AppScan 进行扫描，以验证是否成功消除了之前的漏洞。若还存在未解决的漏洞，则需要进一步分析并采取适当措施。

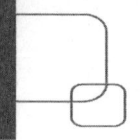

3）Websecurify

Websecurify 是一款开源的跨平台 Web 安全测试工具包，能以插件的形式集成到主流浏览器中，如 Chrome 浏览器扩展插件、Firefox 浏览器扩展插件等，也支持与第三方工具集成。

Websecurify 支持离线使用，用户只需获取 Websecurify 最新的程序工具包就可以在浏览器端进行操作，用户的数据完全存储在客户端，不需要将任何数据返回给 Websecurify，从而确保了用户数据的安全性。

Websecurify 支持跨组织、多客户端公用，支持大规模软件开发团队的使用，提供自动化 Web 应用程序安全测试。

Websecurify 支持自动和手动测试，可以测试 OWASP TOP 10 和 WASC，还具备导出报告功能。

Websecurify 的部分应用程序和软件包附带免费试用版。

4）Vault

Vault 使用 UI、CLI 或 HTTP API 对令牌、密码、证书和加密密钥进行保护、存储和严格的访问控制，从而保护密钥和其他敏感数据。Vault 通过与授信的身份认证深度集成，实现自动访问密钥、数据和系统。

Vault 的主要功能如下。

（1）密钥管理。跨应用程序、系统和基础架构集中存储、访问和部署密钥。

（2）动态密码。根据策略动态生成有时间期限的访问凭证，并在到期时撤销访问权限。

（3）Kubernetes Secrets。利用 Vault 和动态密钥的强大功能保护

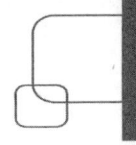

Kubernetes 集群。

（4）数据库凭证轮换。通过自动化数据库凭证轮换，清除长期共享的凭证，降低违规和凭证泄露风险。

（5）自动化公钥基础设施（Public Key Infrastructure，PKI）。按需、快速创建 X.509 证书，减少手动操作。

（6）基于身份的访问控制。使用可信身份认证访问不同的云、系统和端点。

（7）数据加密和标记。通过一个集中式工作流保护应用程序数据，该工作流常驻在 Vault 外部不受信任或半受信任的系统中。

4．数据安全

1）Vault

参见应用安全部分 Vault 的介绍。

2）Duplicati

Duplicati 是一款开源的、跨平台的完整加密备份工具。

Duplicati 的特点如下。

（1）容易安装。Duplicati 支持任何操作系统后端，只需几分钟即可完成设置。

（2）自动在线备份。用户可以选择安全备份所有选定文件的频率和时间。Duplicati 以最佳方式处理网络问题和中断的备份，同时会定期、及时测试备份内容，以及存储系统上已经损坏的备份。

（3）安全可靠。Duplicati 采用强大的 AES-256 加密标准来保护用户

的数据安全，使其免受任何未经授权的访问；支持 GPG（GNU Privacy Guard）加密，为用户的备份文件提供额外的强大保护。

（4）直观的界面。Duplicati 具有简单的界面和强大的控制能力。

（5）集成功能强大。Duplicati 可以与存储提供商无缝协作，实现备份应用程序的文件和文件夹。

（6）Duplicati 支持标准协议，如 FTP、SSH 和 WebDAV，以及各种常用的服务。

第四部分　敏捷企业架构实施

第四部分主要介绍敏捷开发，阐述了敏捷企业架构从设计、建设到具体落地实施的内容，保证了敏捷企业架构从战略到代码的实现。

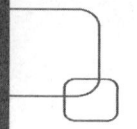

11

敏捷开发

11.1 敏捷开发介绍

敏捷开发（Agile Development）是一种快速、敏捷、有效的建设应用系统理念，与互联网行业提倡的"小步快走"理念不谋而合。

敏捷开发提倡将系统内容分模块、分步骤进行建设，即开发一部分功能后及时进行测试、部署、请用户验证，收集用户意见后对已上线内容进行完善和优化；同时进行下一阶段内容的建设。

敏捷开发的建设颗粒度可以根据系统建设内容进行具体设定，一般按照应用功能是否可以部署展示来设定。

相对于经典软件开发方法如瀑布方法，敏捷开发的优点非常明显，本书在 10.2 节已经介绍，在此不再赘述。

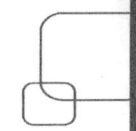

11.2　敏捷开发原则

敏捷开发有很多原则，主要原则包括用户第一、拥抱需求、简捷实现、直接沟通、快速发布和持续集成，以及持续确认等。

（1）用户第一。任何产品/软件系统的建设都是为了用户的使用，满足用户的使用需求，解决用户的使用痛点。一切以用户为中心，满足用户期待。

（2）拥抱需求。任何产品/软件系统的建设过程都是需求不断变化的过程。任何产品/软件系统的需求都不是一成不变的。产品/软件系统的原始需求即便能维持不变，但在使用的过程中必然会面对众口难调的局面，完善性需求必不可少。因此，逃避需求、避免需求变更无法达到用户满意的结果，只有积极拥抱需求和需求变更才能最大程度满足用户的需求。

（3）简捷实现。在产品/软件系统的开发过程中，敏捷开发以最直接、简单、便捷的方式实现必须实现的功能。当下不必要实现的功能可以暂时不予排期开发实现，当后续有实现需求时，再予以开发或重构开发实现。

（4）直接沟通。最有效的沟通方式是当面沟通。直接、有效地进行沟通，任何问题都可以直接反馈，这远比文档更有效。

（5）快速发布和持续集成。敏捷开发以小版本发布、更新为主旋律，主张将整个建设任务进行分割，以最小发布规模为推进颗粒度，尽快将已完成开发的功能付诸用户实践。

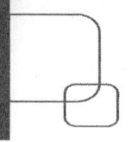

（6）持续确认。已完成开发的功能付诸用户实践后，尽快与用户确认并持续收集用户使用体验和使用意见；论证、梳理、确认需完善的需求内容，在下一版本中将新需求予以实现。

11.3　敏捷方法框架

实现敏捷方法的实践体系不止一套，主要包括 Scrum、XP（eXtreme Programming，极限编程）、FDD（Feature-Driven Development，特性驱动开发）、DSDM（Dynamic System Development Method，动态系统开发方法）、TDD（Test-Driven Development，测试驱动开发）、ASD（Adaptive Software Development，自适应软件开发）、AUP（Agile Unified Process，敏捷统一过程）、水晶（Crystal）等。其中，使用较广泛的是 Scrum 和 XP 两种。

11.3.1　Scrum 框架

Scrum[18]是一种常用的、重要的敏捷开发框架，强调建设过程的不断迭代、团队之间的协作、用户和开发者之间的快速沟通、开发成果的持续集成和完善等。Scrum 特别适用于需求多变或需求不稳定、需快速交付的项目。

Scrum 框架主要包含三种角色：产品负责人（Product Owner）、项目负责人（Scrum Master）和开发团队（Development Team）。产品负责人负责定义产品需求及需求的优先级；项目负责人负责带领开发团队按照 Scrum 的原则、内容及流程实现产品需求；开发团队负责按照具体的计划

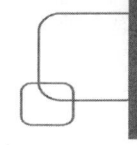

完成具体的开发工作，并在每个迭代过程中交付已完成的软件需求成果。

Scrum 的迭代周期称为 Sprint。每个 Sprint 一般为 2～4 周。Scrum 的常规操作流程分为以下 6 个阶段。

（1）产品需求待办阶段。

在产品需求待办（Product Backlog）阶段，产品负责人负责先收集、梳理需求，然后进行需求评审，最后根据评审结果设置需求的优先级，形成产品需求待办列表。

在每个 Sprint 开始前，开发团队会从产品需求待办列表中选择一部分需求作为本次 Sprint 进行迭代开发的内容。

（2）Sprint 计划会议阶段。

在 Sprint 计划会议（Sprint Planning Meeting）阶段，开发团队成员一起确定本次 Sprint 的目标和内容，如需要完成的需求和工作任务等。

（3）每日 Scrum 会议阶段。

在每日 Scrum 会议（Daily Scrum Meeting）阶段，每个工作日开发团队都会进行一次 15 分钟的会议。会议中每个人需要回答三个问题：昨天做了什么？今天计划做什么？遇到了哪些问题？根据每个人的工作内容同步整个团队的进度；根据每个人反映的问题进行沟通、协商，制定解决方案。

（4）Sprint 实施阶段。

每个 Sprint 一般为 2～4 周，在这段时间内，团队成员亲密合作，共同完成本次 Sprint 的目标和内容。

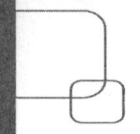

（5）Sprint 评审会议阶段。

每个 Sprint 结束后进入 Sprint 评审会议（Sprint Review Meeting）阶段，在 Sprint 评审会议中展示在 Sprint 中开发团队完成的目标和内容，并由客户对完成的目标和内容进行评审，给出评审反馈意见。

（6）Sprint 反思会议阶段。

Sprint 评审会议结束后进入 Sprint 反思会议（Sprint Review Meeting）阶段。在 Sprint 反思会议中，每个团队成员结合客户给出的评审反馈意见，对自己和整个团队在 Sprint 中完成的目标和内容进行反思，讨论做得好的地方以形成经验总结，需要改进的地方以形成教训总结。

11.3.2　XP 框架

极限编程[19]（XP）是另一种常用的、重要的敏捷开发框架，强调把符合客户需求作为软件开发的目标、代码质量尤为重要、团队集中开发、口头交流胜过文档交流、及早进行测试等。

XP 包括四大价值观，分别是沟通（Communication）、简单（Simplicity）、反馈（Feedback）、勇气（Courage），这四部分相互依赖、关联，贯穿于整个生命周期。

（1）沟通。XP 提倡团队成员及时、有效进行口头交流，而不是通过文档进行交流。通过交流沟通解决问题远比通过文档交互更有效率。

（2）简单。XP 在软件建设过程中坚持系统功能"够用就好"理念，以最直接、简单、便捷的方式实现必须实现的功能。当下不必要实现的功能可以暂时不予排期开发实现，当后续需要实现需求时再予以开发或重构。

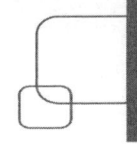

同时，XP 提倡时刻对代码进行重构来保持代码良好的可维护性和可扩展性。

（3）反馈。XP 认为沟通反馈至关重要，持续、明确的沟通反馈可以暴露建设过程中的问题。

XP 提倡用户、管理层与开发团队之间进行亲密无间的交流和反馈，以保证开发团队在根据需求分析内容进行开发建设时，随时可以与用户对需求和开发结果进行沟通和反馈；同时提倡在开发团队内部也进行充分的交流和反馈，如开发与测试的沟通反馈可以提前进入测试环节、代码和功能持续集成的沟通反馈可以推动项目进度。

（4）勇气。在开发建设过程中为了及早发现问题、解决问题，快速推进建设，XP 强调团队所有成员需要鼓起勇气面对一切问题和挑战。

XP 的实践过程内容包括 12 个方面，分别是完整团队、计划游戏、小版本发布、客户测试、简单设计、结对编程、测试驱动开发、重构、持续集成、代码集体所有制、代码标准、可持续的步调，如图 11-1 所示。

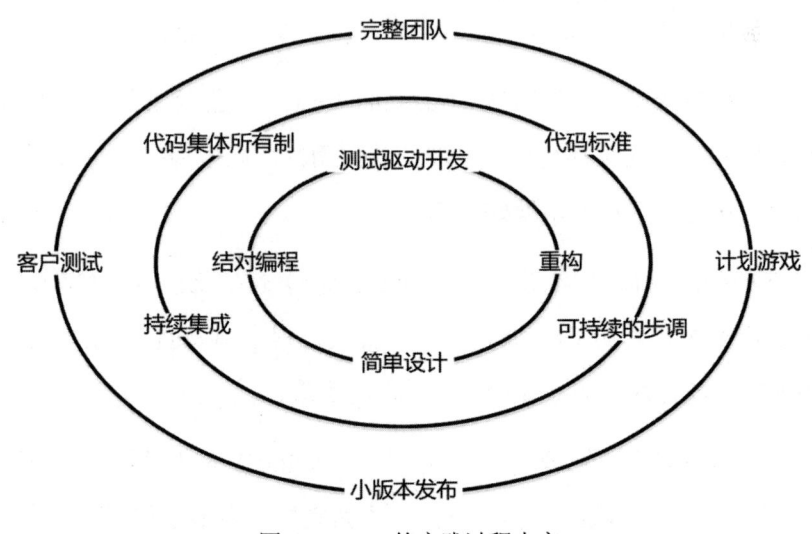

图 11-1　XP 的实践过程内容

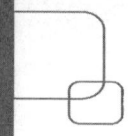

（1）完整团队。XP 团队是一个完整团队（Whole Team），成员包括现场客户（On-site Customer）、业务代表（Business Representative）、真实用户（Real Customer Involvement）、开发人员和测试人员等。团队成员在一起工作，各司其职、直接沟通、互相配合。

（2）计划游戏。XP 团队每周制订迭代计划，每季度制订发布计划。当计划发生变化时，直接更新计划。

发布计划（Release Planning）是指根据客户需求，开发人员在评估成本、风险等因素的基础上，执行一个初步的整体项目计划。在计划实施推进的过程中，若发生变化就直接进行调整，从而使该计划逐渐精确。

迭代计划（Iteration Planning）是指在开发过程中，将整体的发布计划拆分成多个计划从而可以迭代完成。每个迭代计划的周期大约为 1～2 周，用于实现本周期内迭代任务的开发。

（3）小版本发布。小版本（Small Releases）是指每个迭代开发的版本都应尽可能小，只要能实现功能的增量就可以部署，以便让客户尽快测试，交付用户使用。

（4）客户测试。客户测试（Customer Tests）是指针对每次部署的功能，开发和测试人员都会进行功能的验收测试，以便为客户测试功能的可用性，从而为用户使用做好准备。

（5）简单设计。简单设计（Simple Design）是指整个 XP 团队都应尽可能进行各种简单设计。在每次的迭代开发过程中，应尽量完成本次开发任务所需功能，减少不必要的设计功能的实现。

（6）结对编程。结对编程（Pair Programming）是指开发人员应两两一组，每组人员同时进行代码开发。一人负责操控电脑敲代码，另一人负

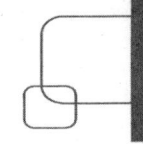

责审核整体代码的结构。两个人的角色可以定期调换，从而提升代码的质量。

（7）测试驱动开发。测试驱动开发（Test Driven Development）是指测试先于代码编写，即先编写测试代码或测试用例，再编写相应的开发代码，以测试驱动代码的开发，从而提升代码质量和开发效率。

（8）重构。重构（Refactoring）是指减少对代码的直接修改和调整。尽量以重构的方式在原有代码的基础上编写代码，提升代码的高内聚和低耦合，以及可维护性、可扩展性。

（9）持续集成。持续集成（Continuous Integration）是指开发人员根据责任分工各自完成职责范围内的开发工作，并将已完成的代码与原有的整体代码进行集成。代码的集成应当尽早持续进行，以便尽早发现集成问题并及时排除，提升开发人员对代码开发的配合程度。

（10）代码集体所有制。代码集体所有制（Collective Ownership）是指代码属于整个团队，任何人都可以调整任何部分的代码，以便修改系统中已存在的问题，即便这部分代码不属于自己的责任范围。代码集体所有制可提高代码质量、减少代码问题。

（11）代码标准。代码标准（Coding Standard）是指开发团队应制定编写代码的标准，且团队成员都应该遵循制定的代码编写标准。

（12）可持续的步调。可持续的步调（Sustainable Pace）是指整个团队应该保持可持续的建设步调，团队的计划应该动静结合、劳逸结合，不能将其当成快速冲刺项目。

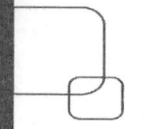

11.4　敏捷开发工具

11.4.1　Jira

关于 Jira 的内容在 10.2.2 节已经介绍，在此不再赘述。

11.4.2　PingCode

PingCode（拼扣）是简单易用的新一代研发管理平台，使研发管理自动化、数据化、智能化，帮助企业提升研发效能。

PingCode 所属公司旗下产品包括团队协作工具 Worktile 和研发管理工具 PingCode，基于高效协作与敏捷研发理念，为不同规模的研发团队提供 Scrum、Kanban、知识库、迭代计划和跟踪、产品需求规划、缺陷跟踪、测试管理等功能，同时满足非研发团队的流程规划、项目管理和在线办公需要。

PingCode 对 25 人以下团队免费试用。其主要功能如下。

（1）需求与产品管理。从需求端启动研发管理，链接产品与客户，聚焦产品价值。具体包括客户反馈与收集、需求优先级及排期、需求交付与执行、产品发布与版本管理。

（2）项目管理。标准化敏捷和瀑布管理模型，灵活适配主流项目管理场景。具体包括 Scrum 敏捷开发、Kanban 敏捷开发、瀑布开发、项目集与资源管理。

（3）测试管理。实现测试用例管理和测试计划执行，确保产品的交付

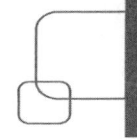

质量。具体包括测试计划与测试用例、Bug（缺陷）提交和管理。

（4）知识管理。连接研发管理全流程，实时协同共享，让知识流转更高效。具体包括多人协同编辑、知识关联研发过程、文档安全管控、团队知识沉淀等。

（5）研发效能。实现研发效能数据化、目标透明化、流程自动化，全面提升研发效能。具体包括研发效能度量、建立团队协作目录和目标、流程自动化、目录服务及第三方集成。

11.4.3　TAPD

TAPD 是腾讯旗下的一款敏捷开发、项目管理平台。TAPD 有两种模式：项目协作、轻协作。

1. 项目协作

项目协作是面向中、大型团队的专业项目协作与管理工具，帮助企业提升协作效率和研发效能。其主要功能如下。

（1）工作项管理。灵活定制，精细化管理需求。强大的定制化能力能够帮助用户结合业务场景定制工作项，让工作项更加精细化、结构化、易于跟踪和度量。

（2）流程管理。双流程引擎，高效协同。敏捷状态机模式与多分支流程节点模式双工作流引擎，支撑不同规模、不同复杂度项目的流程管理。

（3）计划管理。全链路支撑，敏捷交付。从计划制订到执行跟踪的全流程管理，每个环节都有丰富的工具支撑，帮助用户把控风险，高质量交付项目成果。

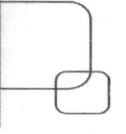

（4）DevOps 集成。DevOps 全链路工具深度集成。与主流协作，与研发工具集成，提供可视化交付流水线管理，深度整合研发工具链，支持接入企业自建工具。

（5）自动化协作。全流程智能自动化，高效运转。提供开放灵活的规则指令，用"触发条件+执行动作"的方式编排和执行指令，帮助用户处理烦琐的工作流程，提升协作效率。

2. 轻协作

轻协作主张让各类任务都敏捷起来。近百个模板的最佳实践可一键复用。用简洁高效的方式管理团队任务。轻协作的主要功能如下。

（1）轻简工作跟踪。一键完成、多维视图、分配跟踪，让上下游协作轻松自如。

（2）沟通与协作融合。轻协作与企业微信深度打通，拉群、预警、通知一气呵成。

（3）智能自动化。轻协作为团队把控空间中发生的事件、自动执行的操作，省心省力。

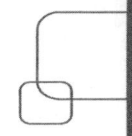

12

DevOps

12.1　DevOps 介绍

在 DevOps 出现之前，软件的开发模式是经典领域的瀑布模式，即软件的开发过程按照顺序依次是软件需求、软件设计、软件开发、软件测试、软件部署、软件运维。每个过程都是不可或缺的，同时整个过程的顺序也是固定的。这个过程非常稳定可靠，但也缺乏了灵活性、敏捷性和适应性。

DevOps 是 Development 和 Operations 的缩写 Dev 和 Ops 的组合，即开发和运维的组合词。DevOps 强调开发团队和运维团队的紧密团结，以及开发和运维的一体化协作，以保障软件产品的快速开发和交付、顺畅和高效运维，从而实现软件产品交付速度的提高、产品质量的提升、产品运维的优化。

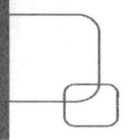

DevOps 的核心目标是开发、运维、质量。通过三方面的协作和配合，提升代码开发、测试、发布、部署的效率，提高代码的质量，保障运维工作的正常运转。

根据 DevOps 理念和文化，开发团队和运维团队融合后，可以采用 DevOps 工具按照建设目标和范围加强沟通，方便、快捷、持续地迭代交付和反馈，实现高质量的快速开发、快速交付、快速运维，更好地应对和满足客户的需求。

12.2　DevOps 内容

DevOps 内容主要包括三个方面，分别是持续集成、持续交付、持续部署。

1. 持续集成

持续集成（Continuous Integration）是指在软件开发过程中，代码开发是分批、分步完成的，每完成一部分代码都需要将其持续集成到完整的代码体系中。持续集成采用自动工具实现集成代码的编译、发布和测试，尽早发现问题、解决问题。

2. 持续交付

持续交付（Continuous Delivery）是指在软件开发过程中，完整的代码体系随时保持在可以将当前版本顺利、安全地部署到生产环境中的状态，同时可以通过自动化工具实现当前代码版本的自动化测试与部署，以保障软件产品的持续交付。

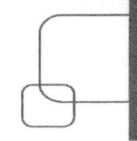

3. 持续部署

持续部署（Continuous Deployment）是指在软件开发过程中，完整的代码体系在可以交付的前提下通过自动化工具将当前代码版本在生产环境中顺利、直接部署，以实现软件产品的持续部署。

12.3　DevOps 与敏捷开发的关系

DevOps 与敏捷开发都是软件开发领域重要的敏捷实践方法，二者之间互相融合、互为补充，同时互有区别和侧重点，主要表现在以下两方面。

（1）内容不同。DevOps 侧重于软件开发过程中代码的快速、高效开发、交付、部署，从而实现软件开发、运维的连贯、高效；敏捷开发侧重于软件开发过程中需求变更的快速响应、开发过程的快速迭代，从而实现软件开发过程的高效、敏捷，提升软件产品的交付效率和用户满意度。

（2）人员不同。DevOps 团队以开发团队人员、运维团队人员为主，保证代码的开发、交付和部署；敏捷开发团队涵盖了软件开发多个环节，包括产品、需求、设计、开发、测试、运维等的工作人员，主张小团体、多角色的整体配合，构成软件产品的整体生命链。

实际上，DevOps 和敏捷开发是相辅相成、互相补充的，通过敏捷开发的实施可以实现软件的全面敏捷开发管理，采用 DevOps 可以实现代码的快速、有效实现。

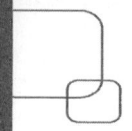

12.4　DevOps 实现

DevOps 实现的基础是版本管理和容器。

版本管理可以实现代码集成、代码托管、代码评审、代码扫描、质量检测等功能，是实现 DevOps 的基础。

容器加快构建、共享和运行应用程序的速度。容器采用虚拟化技术实现代码及代码开发环境的整体打包、快捷部署、整体（代码+环境）运行，从而使开发人员无须考虑开发环境和运行环境的各种差别，在任何地方构建、共享、运行和验证应用程序。

DevOps 的实现需采用多种软件开发理念和工具，包括代码管理、容器、配置管理、测试、制品、持续集成、持续交付、持续部署、运维等。具体内容在第 10 章已经介绍，在此不再赘述。

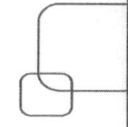

参考文献

[1] 新华社. 数字中国建设整体布局规划 [EB/OL].[2023-02-27]. https://www. gov.cn/zhengce/2023-02/27/content_5743484.html.

[2] 中国信息通信研究院. 中国数字经济发展研究报告（2024年)[R/OL]. [2024-09-26].http://www.caict.ac.cn/kxyj/qwfb/bps/202408/t20240827_491581.html.

[3] Zachman J A.A Framework for Information Systems Architecture[J]. IBM Systems Journal, 1987, 26(3).

[4] Sessions R，DeVadoss J.A Comparison of the Top Four Enterprise Architecture Approaches in 2014[J/OL]. 2014.https://download.microsoft.com/download/6/1/C/61C0E37C-F252-4B33-9557-42B90BA3E472/EAComparison V2-028.PDF.

[5] The Institute of Electrical and Electronics Engineers Inc. 1471-2000 - IEEE Recommended Practice for Architectural Description for Software-Intensive Systems[S/OL].[2000-10-09]. https://ieeexplore.ieee.org/servlet/opac?punumber=7040.

[6] ISO/IEC/IEEE. ISO/IEC/IEEE 42010:2022 Software, systems and enterprise: Architecture description[S/OL].2nd ed[2022-11-07].https://ieeexplore.ieee.org/ servlet/opac?punumber=9938424.

[7] The Open Group.The TOGAF® Standard，Version 9.2[S/OL]. 2018.

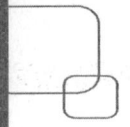

https://pubs.opengroup.org/architecture/togaf9-doc/arch/.

[8] Zachman J A.The Concise Definition of The Zachman Framework [EB/OL]. [2008-01]. https://www.zachman.com/.

[9] Office of Management and Budget.Federal Enterprise Architecture Framework version 2[M/OL].[2013-01- 29].https://cio.gov.

[10] U.S. Department of Defense.The DoDAF Architecture Framework Version 2.02[EB/OL].[2010-09-30].https://dodcio.defense.gov/Library/DoD-Architecture-Framework.

[11] 波特. 竞争优势[M]. 陈丽芳，译. 北京：中信出版社，2014.

[12] Martin R C. Agile Software Development:Principles, Patterns, and Practices[M]. Upper Saddle River:Prentice Hall,2002.

[13] Meyer B.Object Oriented Software Construction[M]. Upper Saddle River: Prentice Hall,2000.

[14] Liskov B.Data Abstraction and Hierarchy[J].ACM SIGPLAN Notices, 1987, 23(05):17-34.

[15] Hunt A,Thomas D.The Pragmatic Programmer[M]. Boston, MA:Addison-Wesley,1999.

[16] Gamma E, Beck K.Design Patterns: Elements of Reusable Object-Oriented Software[M]. Boston, MA:Addison-Wesley,1995.

[17] Gamma E, Helm R, Johnson R, et al. Design Patterns: Elements of Reusable Object-Oriented Software[M]. Boston, MA: Addison-Wesley, 1994.

[18] Sims C，Johnson H L. Scrum 要素[M]. 徐毅，译. 北京：人民邮电出版社，2013.

[19] 贝克. 解析极限编程：拥抱变化[M]. 唐东铭，译. 北京：人民邮电出版社，2002.